川から見た国土論

高橋 裕

鹿島出版会

川から見た国土論

まえがき

本書は東京大学とその後に勤めた芝浦工業大学における最終講義、それぞれ一九八七年、一九九八年と、その後二一世紀になってからの講演の中から六回を選び掲載した。加えて、本書の冒頭に、約四〇年前の一九七三~七九年に土木学会誌と世界（岩波書店の月刊誌）に掲載された三編を収めてある。これら論考は、現在とは社会経済情勢がかなり異なる高度成長期時代に発表された時代思潮の解説とともに、一種の警告とも言える私の考えを披瀝している。現時点で読むと当たり前の意見のように思えるかも知れないが、経済が好調で開発ムード旺盛であった時代を想起して読んで頂きたい。

六回の講演内容の、特に大先輩の業績その他の紹介に、若干重なった部分があるのをご容赦頂きたい。講演はそれぞれ独立したもので、それぞれの講演の流れを無視できなかったので少々のダブリを無理にカットしなかったためである。

二回の大学退職時の最終講義は、私の大学生時代（一九四七~五〇年：学部、一九五〇~五五年：大学院）、大学奉職時代における河川とそれをめぐる体験の略史である。一九七〇年代の原稿、二一世紀になってからの講演（二〇〇二年から二〇一一年六月の「東日本大震災の教訓」まで）も、私が二〇世紀後半から今日までどのように川とそれを囲む社会と付き合ってきたかの、ささやかな半世紀余の歴史でもある。

本書を通じて、読者の方々がこの六〇余年の日本の川と社会の目まぐるしい変化を辿って下されば、まことに幸いである。

なお、二回の大学最終講義記録は、二〇〇五年一二月に刊行した『川に生きる』（山海堂）にすでに収録されていた。この書は、最終講義を含め、二〇〇五年までの講演から選ばれた記録をまとめて出版された。その中から「河川学から見た常願寺川」は若干加筆して本書に再録した。

二〇一一年九月

高橋　裕

目次

1 転機に立つ土木事業
――歴史的考察に基づいて――

［論文］土木学会誌、一九七三年一月号、土木学会、一九七三年一月

この論考「転機に立つ土木事業」が土木学会誌に掲載された一九七三年（昭和四八）の前半に田中角栄による「日本列島改造論」が発表されている。世界を驚かした高度経済成長に陰りが見えてきたにもかかわらず、列島改造論に浮かれている世情、そして土木界への警告であった。ここでは「つくる」ことが主流である土木の技術、行政、学問から脱皮し、トータル・システムとしての自然人間システムの構築、すなわち環境創造をめざすことこそ、新しい土木思想であると結んだ。

この論考の二年前、拙著『国土の変貌と水害』（岩波書店）は、日本の明治以来の治水事業に対し新たな知見を加え、マスメディアも含め関連各分野に相当の反響を与えた。河川行政中枢には評判は必ずしも良くなかったが、若手の行政官・研究者からは多数の好意ある感想も頂いた。一九七二年七月には全国的に梅雨前線豪雨が暴れ、七四年には多摩

川、七五年に石狩川、七六年に長良川と、それぞれ重要な一級河川が相次いで破堤し、水害調査に明け暮れていた。水害と治水を社会史のなかで捉えようと考えていた頃である。

技術者の戸惑い

環境問題に直面して土木技術者は戸惑っている。つい数年前まで国土開発の尖兵と讃えられ、高度成長の推進役とあがめられ、国土への技術革新の露払いとして闊歩していた土木技術者は、いまではあたかも自然破壊の元凶、住民軽視の悪代官であるかのごときそしりさえ聞くようなご時世となった。

栄光の座からの転落は土木技術者のみではない。公害発生に直接関係する化学技術者の場合、転落の度合いは遥かに激しいようだ。エンジニア全体が苦悩の季節を迎えたかに見える。しかし、黙って待っていれば季節は自然と移り変わるのであろうか。

このような「困った」傾向に対し、なにマスコミに躍らされている流行にすぎない、住民の「地域エゴ」を打破することこそ、建設技術者が真に歩むべき道であると説く勇者もいる。それにしても問題の根は相当に深く、かつ広く裾を張っていることに、誰しも気づかざるを得ない。たとえば、環境問題は、最近は地球的規模で進行していることに識者の関心が高まっているように、決してわが国だけの問題ではない。公害は過密都市にのみ発生しているわけではない。水俣病、イタイイタイ病、阿賀野川の第二水俣病などは、巨大都市への人口集中とは直接無関係である。各国とも行政面はもとより、学問分野でも、環境問題にいかに対処するかは最大関心事になってきている。

公害、自然保護、文化財をめぐるさまざまな問題、またその問題への解決を迫る住民運動、いっせいに蜂起したこれら問題の渦中にあって、土木技術者はどう考え、どう行動したらよいか。それは、困難な問題であるとはいえ、深刻に考えるに足る問題であろう。というのは、これからの土木技術者がこの設問にどの程度真剣に考え、どれだけ優れた対応をするかによって、日本の今後の「開発」は少なからざる影響を受けるからである。

ここに、この設問を考えるにあたっての前提条件のひとつを試論的に紹介し、大方のご批判を仰ぎたい。

土木事業とその成果

土木事業は、あらゆる技術活動のなかでも最も古い歴史を持っていると思われる。人間が集団生活を営み始めたときから、土木技術は農耕技術とともに、何らかの形で要請され発展してきたに違いない。まず第一に、土木事業の長い歴史のうえでも、現代のわが国はきわめて特殊な状況にあることを私たちは認識すべきであろう。

土木事業と人間の生活や社会との関係は、その時代時代によって相当に異なっている。特に土木事業の動機は、それぞれの時代、それぞれの国や民族の社会構造により異なる。古い時代の土木事業の動機あるいは直接目的は、しばしば「宗教」であったり、帝王の強大な「権力示威」の手段でもあった。やがてその動機・目的に、「軍事」が優先する時代が長く続く。産業革命以後になると、近代科学技術の進歩に支えられて急速に拡大してきた土木事業に、「経済」の概念が強く支配するようになる。第二次大戦後のわが国では、その傾向がとりわけ強かったといえよう。

このように、それぞれの時代における動機には歴史的変遷が顕著にうかがわれるとはいえ、つねにそれは民衆の幸福のための「公共的」事業であると宣伝されてきた。つまり、人間が集団で生活する場に土木構造物や機能施設を築きあげることによって、その地域の経済基盤と生活環境を整備向上させるために土木技術は駆使されてきたはずである。

しかし、土木事業の具体的効果をどのように判定するかは決して簡単ではない。まず第一に、土木構造物や機能施設の寿命は一般的に相当長く、それぞれの土木構造物はそれが建設された時代のみならず、後世の人々にもさまざまな効果を与えることになる。とすれば、土木事業が人間生活に与える影響も一般的にかなり複雑である。当初はある一定目的を持っていた土木事業も、時代を経るにつれて全く別な観点からの評価が下されることは稀ではない。エジプトのピラミッド、中国の万里の長城などは、現代では建設時の目的意義は失われ、それぞれの民族が誇るモニュメントとして価値づけられている。さらに、最近特に問題視されてきたのは、それぞれの土木事業の目標とは別にマイナス効果が現れるという点である。特に最近のように工事規模が飛躍的に拡大してくると、周辺環境に与えるマイナス効果が目立つようになってくる。技術革新がもたらした工事の大規模化や新開発そのものが新しい課題を提供するようになったのである。土木事業の効果を考える場合に、従来の効果判定とは異なる新たな問題が提起されたことに注目しておかなければならない。

人間活動の爆発

すでに指摘したように、産業革命以後、土木事業は「経済」と密接に結びつくようになる。わが国においては、明治新政府のもとに資本主義体制が形成される明治中期以降において、その傾向が強くなっていく。こうして経済的利潤を指標のひとつと考える価値概念が普及していった。その傾向が特に第二次大戦後の高度成長期においていっそう強化されたと考えられよう。

産業革命以後、わが国においては明治中期以降、大飛躍をとげた土木事業が、第二次大戦以後さらに新たに格段に飛躍をとげた背景を人間生活との関係でここに探ってみよう。

まず、私たち現代人は人間活動が恐るべき爆発的状況にあることを知らねばならない。図1に示すように、地球上の人口は人類発生以来ある適当な増加率で徐々に増大してきたが、一九世紀半ば頃からその増加率が高まり二〇世紀後半に入るや爆発的ともいうべき激増ぶりを示している、わが国の場合は、一八世紀初め以来約二五〇〇万で安定していた人口が一九世紀半ばから増加し始め、明治新政府成立以後、富国強兵政策とともに急激に増加した。明治初期の人口約三四〇〇万が昭和一〇年までの約六〇年で二倍の六八〇〇万に達し、それから約三五年を経た昭和四六年に一億を超えた。すなわち、この一〇〇年間に平均一パーセントの割合で人口は増え続け三倍になったのであり、言うまでもなくこれほど人口が増加したことはかつてない。第二次大戦直後の数年間を除き、わが国の場合は開発途上国のような爆発的増加はないが、いわゆる高度成長期の人口の都市集中の激しさには凄まじいものがあった。

人間活動の有力な指標であるエネルギー消費量の増大ぶりは人口の爆発増どころの比で

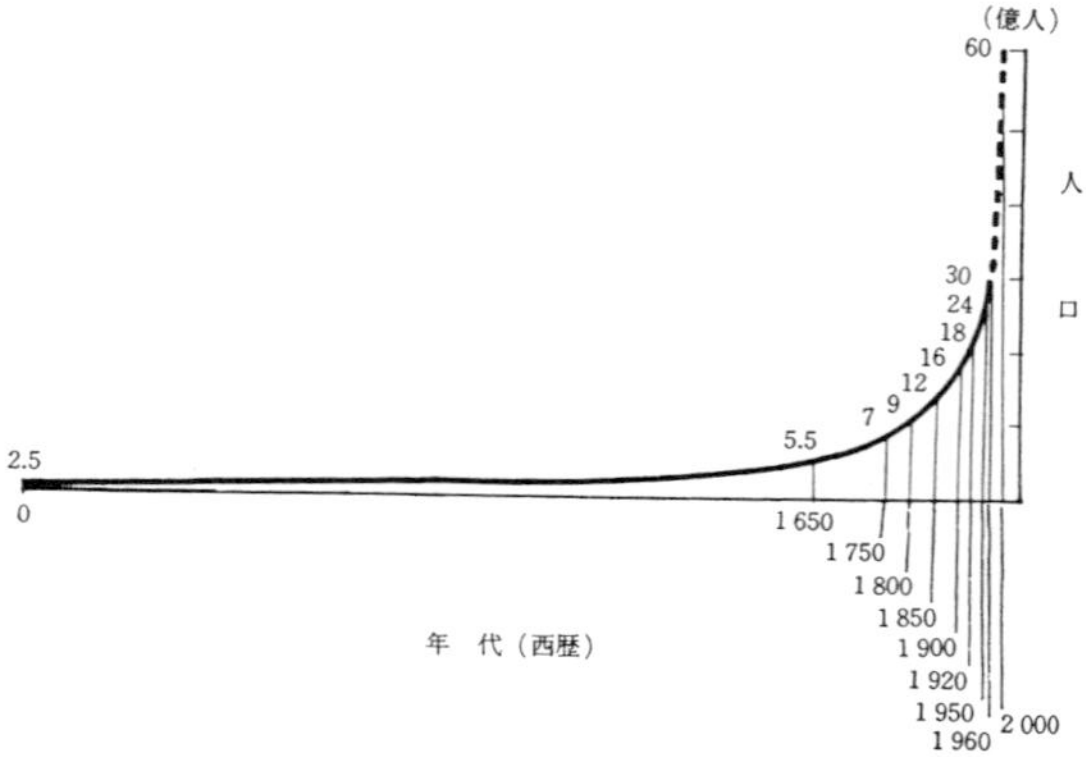

図1　紀元〇年から二〇〇〇年までの世界人口の増加
（原典：玉井虎雄：飢える地球、日経新書、七三頁より作成）

図2　年エネルギーの推移
（Putnam：エネルギー問題の将来、より作成）

はない。かつてパーマー・パトナム（Palmer Putnam）が推定した数字によれば、二〇世紀後半から二一世紀前半の一〇〇年間に世界中で消費されるエネルギーは、最も低く見積っても人類が有史以来消費した全エネルギーの約五・五倍になるという。

有史以来一九世紀半ばまでに消費された全エネルギーは約六Q～九Q（$1Q=1\times10^{18}$ Btu＝石炭三八〇億トンのエネルギー）、一八五〇年頃までは一世紀当り約一Qの割合で消費されていたエネルギーが、一八五〇年からの一〇〇年間に約四Qの消費に急増、一九五〇年頃には年率〇・〇九三Q。すなわち一〇〇年に約九・三Qの割合へと急上昇したのである。一九五〇年には年率〇・一Q、一九六〇年には〇・一五Qと、とどまるところを知らない。すなわち、昨今のエネルギー消費は一世紀前の何百倍にも達している。換言すれば、かつて一〇〇年もかけて消費していたエネルギーが一年足らずで消費されていることになる。しかも、その増加傾向は全く衰えを見せぬ勢いであることは図2に示すとおりである*1。

このように、人口といいエネルギーといい今世紀半ば以後の二〇年は、人間の活動が突発的もしくは瞬間爆発的とも称すべき特殊な状況にある。

日本の現況の特殊性と土木事業

上述の状況のなかで、日本はさらに際立った特性を持っているといえる。まず、人口動態について見ると、図3に認められるように、最近のわが国の都市化の異常さが注目される。一九二〇年には都市人口は全国人口の一八パーセントであったが、一九五〇年には約

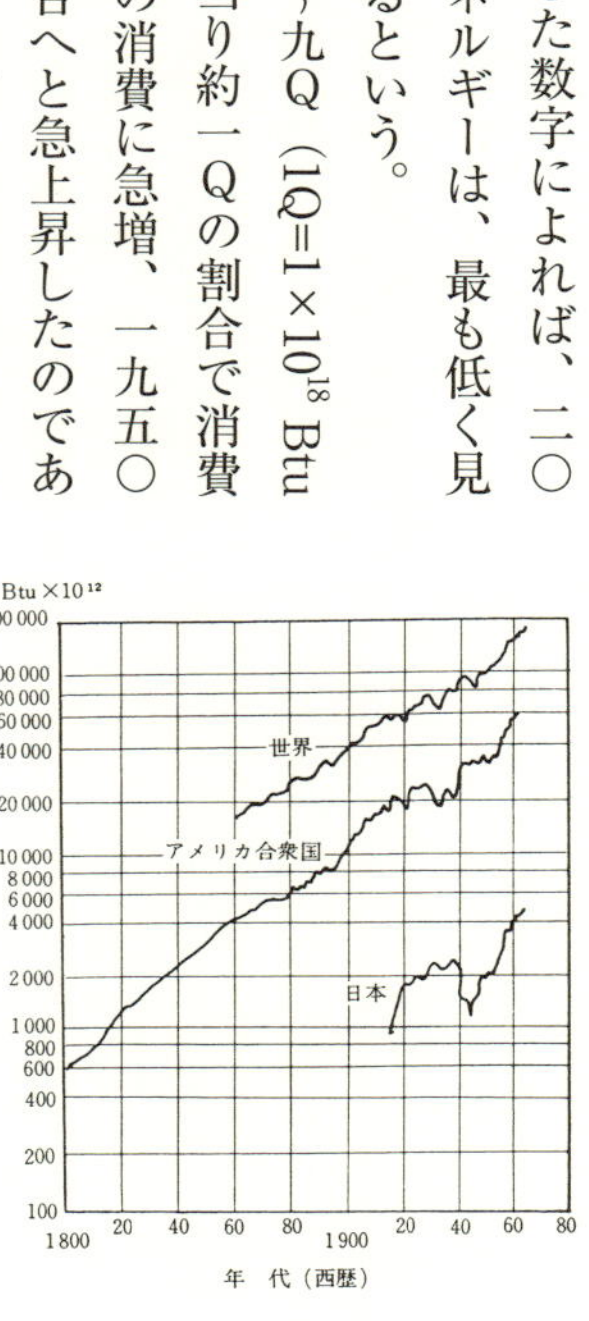

＊1　P・C・パトナム著、吉崎英男訳『エネルギー問題の将来』商工会館出版部、一九五五年。

原著〝Energy in the Future〟は一九五三年にニューヨークで出版された。P・C・パトナムは、この執筆時には米政府原子力委員会の顧問であった。原子力委員会からの依嘱によるもので、この時代に二一世紀にかけてのエネルギー需給についてまとめた労作である。この報告が、当時の資源調査会・副会長安藝皎一博士の依頼で吉崎氏が金関義則氏らの協力によって翻訳された。

若かった頃の私に、エネルギー問題の重要性を認識をさせた重要文献である。このパトナム報告を東大などで解説講義を何回か行ったのは楽しい思い出である。

三五パーセント、一九七〇年には七二パーセントとなり、特に一九六〇年から一九七〇年にかけてのわずか一〇年間に、東京、大阪、名古屋の三大都市圏の人口は三七〇〇万から四八〇〇万へと膨張し、約一一〇〇万もの人口増が見られた。この増加人口は、ベルギーやポルトガル、ギリシャの一国の人口を遥かに上回る。

日本に限らず世界の先進国は、いずれも巨大都市時代を迎えている。それをもたらした原動力は、管理機能のようなむしろ非生産的企業が大都市に集中し、集中の利益をあげているからである。わが国においても管理機能の集中は顕著であるが、他方これに加えて三大都市圏とその周辺の臨海部に鉄鋼、石油、電力のコンビナートが独占する形で集中し、この地域の工業出荷額は一九七〇年には全国の七〇パーセントを超えている。そのおのおのの工業地帯のみで、優に中型国家の一国分にも匹敵する巨大さを誇るに至った。

つまり、この二〇年間のわが国における巨大都市形成は、ヨーロッパにおける産業革命期の工業都市化が現代において巨大化してきた管理機能を取り囲むような形で進行したともいえる。もちろん、工業都市化は戦前においても形成されつつあったとはいえ、戦後の臨海工業都市成立の集中度は、まさにヨーロッパの産業革命期の工業都市化のような爆発的発展であった。それは、農業人口の都市流入の状況にも明瞭にうかがわれる。明治初年において、わが国の第一次産業人口は全就業人口の九〇パーセントであったが、工業化の進行とともにその比率は徐々に下がりつつ工業都市へと流れていった。しかし、農業人口が地すべり的に都市人口へと移動したのは、一九五〇年代と一九六〇年代の最近二〇年間のことであった。すなわち農業人口の比率は一九五〇年には四五・二パーセント、一九六〇年には三〇・二パーセント、一九七〇年には実に一七・二パーセントにまで下がった。農業人口が四〇パーセントを割ったのは、欧米各国では第一次大戦後であったが、日本で

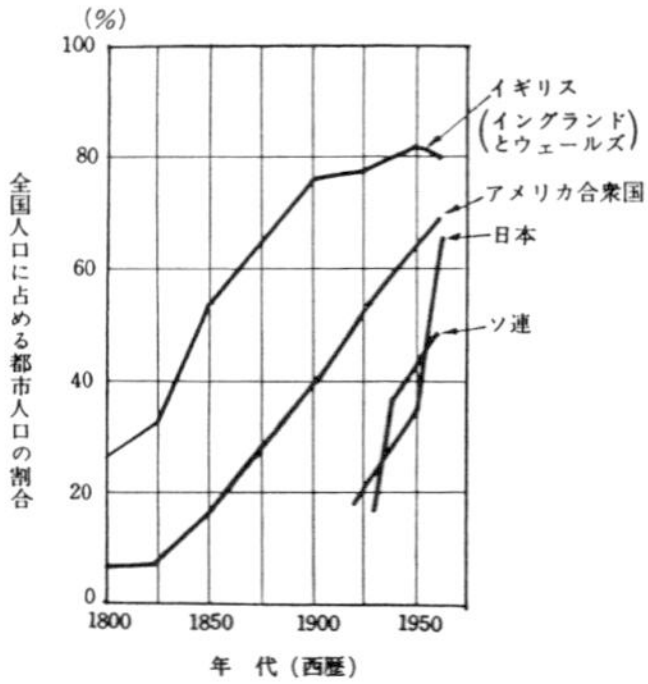

図3 都市化の推移
(現代都市政策第I巻、都市政策の基礎、六一頁、岩波書店、一九七二年、による)

は第二次大戦後のことであり、しかもわずか二〇年足らずのうちにその比率が二〇パーセント以下にまで急速に下降したのである。これほど短期間に農業人口が四〇パーセントから二〇パーセントにまで下がり、巨大都市へと人口が集中した例は、世界のどの国にも前例がない。なればこそ、若年労働者を第二次、第三次産業で吸収でき、それが最近二〇年間のわが国の急成長を可能ならしめ、国民の経済的生活水準を向上せしめた重要な要因であった。しかし、その半面、あまりに急速な成長はさまざまなひずみを残したといえる。土地や水の制度や使い方のならわしは、長年の社会システムの蓄積のうえに築かれたものだけに、産業構造の急変には容易に対応しきれるものではなかった。また、土木事業遂行に際しても、さまざまな矛盾をかもしだす原因が潜んでいる。さらに大きなひずみは、高度成長にあたってまず工業化や中枢管理化に重点が置かれ、生活環境の整備はその必要性がつねに叫ばれつつも、実際的には大きく立ち遅れ、やがてくる環境問題の悪化の因《もと》となったことは否定できない*2。

このような生活環境軽視の政策は、戦後の高度成長期のみではない。明治以来のわが国の富国強兵、殖産興業政策において、上下水道や住宅設備への公共投資の、他の民間投資に対する比率は、欧米諸国に比べて遥かに低かった。戦前のわが国の資本形成は、富国強兵、殖産興業に徹し、都市計画においても生産基盤整備が優先されていた。「道路橋梁及河川は本なり、水道家屋下水は末なり」とは、明治一七年一一月一四日、時の東京府知事芳川顕正が内務卿山県有朋へ建言した意見書の一節であり、当時の都市計画の構想をよく表明している。

このような戦前のいわば生産力ナショナリズムは、農民意識と近代的合理主義の相乗作用によって見事に結集され、きわめて効率的に強大な軍事力を育成し、また西欧科学技術

*2 『岩波講座 現代都市政策』全11巻＋別巻(一九七二〜七三)の編集は、主として伊東光晴、宮本憲一、篠原一、松下圭一ら文系の方々であったが、災害、水資源などの巻は、編集協力の立場で執筆、編集に参加した。その編纂での文系編集者との交流は、私のものの考え方を錬磨するに十分であった。この岩波講座が出版された一九七〇年代初期は、都市問題が社会問題としてクローズアップされ、田中角栄による「日本列島改造論」が一世を風靡していた。この講座は列島改造論による過度の開発批判に徹していた。

を吸収し、短期間にわが国を軍事大国、技術発展国に仕上げることに成功した。戦争には敗れたものの、ある目標に向かって燃焼する精神エネルギーの構造は、戦後も本質的には変わらなかったように思われる。戦後の高度成長を支えた技術や労働力もまた、都市へ流入した農民意識と、直輸入され形式化された合理主義の相乗作用の結実として理解できる。すなわち、戦前の「殖産興業」思想は、戦後の「経済大国」思想へと継承されたのであろう。

明治以来のわが国の土木事業が、上述の国策に則って展開されたことはもちろんである。したがって、生活環境整備の土木事業は、一部技術者の努力にもかかわらず不活発であったことは否めない。しかし、徳川三〇〇年の鎖国によって飢えていた民族の知識欲は、明治に入るや西欧の科学技術の導入に対しての勤勉と熱意となって開花する。その成果が、鉄道建設、河川土木、発電などによって次々と国民の眼前に展開され、国民もまた西欧技術に文句なく感服した。国是が明瞭であったこの時代は、技術者の役割もまた明確であり、国是に則る土木事業の遂行そのものが拍手喝采を浴びることとなった。その着々の成果が戦前のわが国の生産基盤整備に尽くした役割は大きい。

都市時代の到来をどう受け止めるか

現代は都市時代といわれる。しかし、それは単に人口が都市に異常に集中し、特に第三次産業人口が増大してきたという物理的現象と解すべきではない。都市時代の到来とは、農民も含めて民衆すべての生活様式と生活意識が「都市的」になってきたことを意味している。農山漁村の人々も交通や情報の技術革新を経て、都市型の生活様式のなかに繰り込まれてきているのであり、そのことは、生活意識もまた都市型になってきたことを意味している。いまではどこの農村へ行っても、人々の服装も一様化してきたし、都市との交流は人的、物的、情報的にもきわめて容易となった。しかし、このような状況は一九五〇年頃までの農山漁村では全く考えられないことであった。経済構造の「工業化、情報化」が生産のみならず生活をも都市化させ、社会形態や意識をも「都市化」させているのである。

戦前において強力な軍隊を育成し、一流技術国にまで発展させ、アジアで初めて工業化を成功せしめた「農民意識」。さらに戦後も高度成長のエネルギーを放出せしめた「農民意識」は崩壊しつつある。休耕田にわが物顔にはびこり始めた「セイタカアワダチソウ」は、それを象徴しているように感じられる。農民意識はもはや日本の生産構造や生活意識、さらには日本の文明を支えるエネルギーとはならなくなったようだ。三里塚で空港建設に立ちはだかった農民の抵抗は、もはやかつての「農民意識」では理解できない。これを地域エゴと決めつけるのはやさしい。そこには形式的民主主義の不合理を肌で感じている農民がいることを、開発者は忘れてはなるまい。

「世界に進行している政治改革があるとすれば、それは参加革命（participation explosion）と呼ばれるべきものである」とは、すでに約一〇年前、優れた政治学者ガブリエル・アーモンド（G. Almond）とシドニー・ヴァーバ（S. Verba）が指摘したところであった。この頃、すなわち一九六〇年代初めの頃から、いわゆる参加民主主義（participation democracy）の滔々《とうとう》たる波が国際的に打ち寄せ始めた。このようなムードの台頭は、どの民主主義国においても代表民主主義への批判と失望が高まってきたからであろう。民主主義の発展に伴い、選挙権は社会の隅々まで広がったが、量の拡大が質の縮小をもたらす結果になったのである。たとえば、代表民主主義では少数派の意見は全く無視される恐れもあり、政治における市民の役割も低下することになりかねないからである。もとより、参加民主主義が完全に従来の代表民主主義にとって代わるものではあり得ない。しかし、「参加」を何らかの形で取り込まない限り、現代の民主主義に危機が訪れることを各国の為政者も政治学者も心配し始めたのであろう。各国において、大学紛争、続いて環境問題をめぐる嵐が吹き荒んだのは六〇年代の後半であり、それはまさに新しい都市時代に対応できていない政治体制、管理思想を衝いたものであった。そして、この頃より、土木事業の計画遂行に対しても、住民の「意外な」抵抗が頻発するようになった。私たちは、長い農業時代と別れ、都市時代の戸口に立っている。文化形態としても、生活意識としても、鋭い曲がり角である、日本においては特にそれが鋭い。

人類が農耕生活を産業的に営んでから約九〇〇〇年間。その農業社会のなかから都市が発生し始めたのを約五〇〇〇年前と仮定してもよかろう。しかし、都市が発生してもつい最近まで都市人口は比較的少なく、文明の根源は農村社会で培われ、農民意識が行動を左右していた。都市時代の到来が、混乱を呼ぶのもやむを得ないかもしれない。

土木技術者にとって重要なことは、都市時代到来の歴史的意義を正確に捉えることである。それと同時に、都市をつくるものが土地や水や構造物だけでなく、生活の様式と意識が異なる人間が、新しい文化形態を築こうとして都市をつくるという認識を持つことである。

土木技術者の目標は明確であった

「本会ノ会員ハ技師ナリ技手ニアラス将校ナリ兵卒ニアラス即指揮者ナリ故ニ第一ニ指揮者タルノ素養ナカルヘカラス而シテ工学所属ノ各学科ヲ比較シ又各学科ノ相互ノ関係ヲ考フルニ指揮者ヲ指揮スル人即所謂将ニ将タル人ヲ要スル場合ハ土木ニ於テ最多シトス土木ハ概シテ他ノ学科ヲ利用ス故ニ土木ノ技師ハ他ノ専門ノ技師ヲ使用スル能力ヲ有セサルヘカラス……（中略）……尚本会ノ研究事項ハ工学ノ範囲ニ止ラス現ニ工科大学ノ土木工学科ノ課程ニハ工学ノ範囲ニハ工学ニ属セサル工芸経済学アリ土木行政法アリ土木専門ノ者ハ人ニ接スルコト即人ト交渉スルコト最多シ右ノ二課目ニ関スル研究ノ必要ヲ感スルコト切ナルモノアルヘシ……（中略）……会員諸君希クハ本会ノ為メニ研究ノ範囲ヲ縦横ニ拡張セラレンコトヲ而シテ其ノ中心ニ土木アルコトヲ忘レラレサランコトヲ」

土木学会の初代会長古市公威は、大正四（一九一五）年一月三〇日の土木学会第一回総会における会長講演の一節でこう述べつつ、土木学会の方針を披歴するとともに、土木技術者のあるべき方向についての所信を展開した*3。当時のわが国土木界のみならず近代工学の草分けであり、東京大学工部大学校の初代学長を務め、実質上東大工学部の創始者でもあった古市公威と、治水における近代技術の祖である沖野忠雄の還暦を迎えるにあたって、その祝賀とともに土木学会結成の機運が高まっていた。古市は還暦祝賀の募金には強く反対していたが、土木学会の創立には賛成し、その募金が学会創設の基金となった。

日本の資本主義体制の基礎がようやく固まり、その発展が約束された大正初期の段階で発足した土木学会は、古市公威が二度にわたる会長講演で力説したように、国家の要請に

＊3　私が勤務していた東大工学部一号館の近くに古市公威の銅像がある。ほとんど毎日その前を通っていたこともあり、古市への強い関心を一九五〇年代後半以降持ち続けた。また、土木学会初代会長講演は、執筆文献の少ない古市を理解するのに重要であるとの認識でここでも引用した。

この古市講演は、日露戦争勝利からちょうど一〇年、戦勝の興奮もようやく収まったが、この前年一九一四年に第一次世界大戦が始まっている。この年には辰野金吾設計の東京駅完成、青山士が青春の情熱を傾けたパナマ運河が竣工した。

古市講演の翌年一九一六年（大正五）、夏目漱石が世を去った。漱石は日露戦争勝利に浮かれている日本の将来にかなり悲観的であったようである。古市のこの会長講演は、こういう時代背景のもと、土木技術者の使命を強調し、活を入れようとしていたと思われる。現代感覚で読むと、いささか土木帝国主義的感もするが、上述の時代認識を理解して味わう必要があると思う。

応えて偉大な土木技術「将ニ将タル人」を育てる組織として、土木事業を国家目的に沿って推進することを目標とした。明治大正から昭和の第二次大戦に至る間、国是は明確であり、かつ土木事業が国の産業基盤充実を目途としていることが広く共通の認識として明瞭に認められていた時期において、土木技術者の目標・任務は疑う余地もなく明々白々なものであった。古市公威の気概に富む広い見識に裏打ちされた方針の明示は、当時の土木思想の発露ともいうべきものであった。

古市の土木思想の発露は、単に富国強兵策下の技術者の進路をさし示したのではなく、いつの時代においても味わうに足る滋味を有しているといえる。

たとえその具体的適応条件が時代時代の事情に則して解決すべきであるとはいえ、また、その表現や時代色には万古不易とはいえないものがあるとはいえ、いつの時代でも私たちが土木技術について考える場合、さらに土木技術者の進路について思いをひそめるとき、この古市講演は郷愁にも似た香りを私たち後輩の身辺に漂わせてくれる。

*4　私は、一九五〇年東大卒業に際しての論文に、信濃川大河津分水が河川その他に与えた影響を取り上げ、現地に三カ月滞在した。大河津分水の入口にあったこの記念碑の前に初めて立ったとき、大学時代の私に圧倒的感動を与えた。

土木技術者にはゆるぎない自信があった

「萬象ニ天意ヲ覚ル者ハ幸ナリ」「人類ノ為メ国ノ為メ」。

信濃川大河津分水の補修工事完成に際し、一九三一（昭和六）年に建てられた記念碑で、当時の内務省新潟土木出張所長青山士《あきら》が日本語とエスペラント語でこう記した*4。

「個人の名前は出さなくとも、完成された大土木工事こそが巨大な無名碑としてその時代を記念しているのであるし、また同時に、碑文が示すように、その仕事が同時代および

*5　詳しい由来については、土木学会誌第四七巻第一号（昭和三七年一月号）に筆者が紹介

後世の人々に対して必ず貢献するというゆるぎない自信がそこにある。ひとつの時代を完全に生き、その時代の技術を結集して工事を完成したとするならば、そこでは個人の名がどれほどの意味も持たないことを青山という技術者は知っていたのである。……（中略）……技術者の仕事がそれ自体で善であり、真であり、美でもあり得るという背景があった。――しかし、たぶん、現在はこうはいかない」*5。

都市時代の到来以前は、いったん定まった土木工事の目的そのものに疑問が投げかけられるようなことはほとんどなかった。工事のあらゆる困難に打ちかって、その工事を仕上げることこそが一般の信頼を得ることであるし、自らの人生を充実させることであった。一九〇三（明治三六）年に大学を卒業し、明治末期から大正、昭和初期に土木事業に身を捧げた指導的土木技術者青山士の碑文を眺めれば、技術者の使命とこの時代の社会的背景との関係は、格調高い稲垣論文でも明確に指摘されているように、明瞭かつ直截的であった。技術者は定められた土木事業に熱情を傾け、完遂に力を注げば、そのこと自体優れた成果であった。同様に土木工学もまた従来の方法論の道に沿って学問上の壁を破る仕事を進めれば、必ずや土木事業の発展にも連なることが約束されていた。稲垣氏も述べたように、いままでは技術者の仕事がそれ自体善であるよき時代であったし、現在はこうはいかなくなってきたのも事実である。

変質複雑化した技術者の役割

「開発と保全」。この問題における価値観の対立は、開発側として登場する土木技術者に

している。この記念碑文の高邁な理想もさることながら、青山士が荒川放水路完成の碑の場合もそうであったように、決して自己の名を記さないことについて筆者が土木学会誌第五五巻第五号（昭和四五年五月号）の対談で話したことに関連して、稲垣栄三教授は土木学会誌の第五六巻第一号（昭和四六年一月号、特集：開発と保護、技術による日本の征服）で記している。

写真1　分水路開削工事風景
（田面掘削中の第一三号エキスカベーター。左端は天神山。信濃川大河津分水誌第二集による。明治四四年撮影）

とっては、都市時代における技術者のあり方を問われるまことに恰好の試金石となっている。「なんのために保存するのか」「たとえ保存に価値ありとしても、その土地にこれから構築される道路、鉄道、宅地、ダムなどの公共施設のほうが確実に〈公共性〉があり、価値も遥かに高いはずだ」と開発者は考える。

開発者のこのような論理は、都市時代以前にはむしろ当然の公理とでもいうべきものであった。土木技術者がひとつの事業を多くの困難を乗り越えて達成したとき、それは、社会にひとつの新しい価値を確実に創造したのであり、その創造によって確実に社会に貢献したという自負は、技術者の存在理由に確信を持たせた。ところが、かつては開発者の問に答える形で対立してきた保全側（住民側であったり、自然保護側であったり、歴史保存側であったりするが）から、現在では「なぜ開発するのか」という問が返ってくるようになった。開発者は問を発する一方、開発の論理を構築しなければならなくなった。力関係によって押し切ることは、都市時代が深まるにつれ難しくなっていくであろう。それが歴史の論理ではあるまいか。とすれば、私たちは開発の論理に真正面から取り組まなければならない。

いままでは、技術の可能性をひたすら開発すること自体が技術者にとって最高の醍醐味であった。可能性の高いものから順次開発していくことが、選択の基準として通用してきたといえる。ところが、多方面にわたって技術開発の可能性が開け、それぞの可能性が飛躍的に推進された今日では、それら可能性のなかのどの部分を推進し、どの部分を抑制すべきか、その優先度の評価とそれに基づく価値判断が圧倒的な重みを持ってきた。正しい優先度の選択こそ技術の重要課題となったのである。技術的可能性があるからといって、その開発に価値があり、人々に支持されるという時代ではもはやない*6。

写真2　分水路に初めて流入した濁流
（信濃川大河津分水誌第二集による。大正一一年八月二五日撮影）

*6　この頃、価値観が大きく揺らいでいる。この論考発表の四年前（一九六九年）大学紛争が全国的に荒れていた。
この年（一九七三年）、ニクソン米大統領、ベトナム戦争終結宣言。

その点で示唆に富むのは、アメリカ合衆国で最近超音速旅客機ＳＳＴの開発が当分中止されたことである。いままで旅客機に必要な多くの機能のうち、速度向上は圧倒的に重要であった。少し極端にいえば、旅客機は速ければ速いほどよいとされた。音速の三倍で運べる機体の開発は、技術的には可能であるが、可能なだけではもはや説得力に乏しい。新しく要求される機能として、社会的要因も含めた環境問題が大きな優先度を持ってきた。ソニック・ブームに対する有効な技術対策の目途が立たないことが、ＳＳＴの致命的欠陥のひとつとなったのである。

新しい土木思想への期待

決められたレールを従前どおりには走れなくなったとき、人々は新しい哲学を求める。「つくる」ことに至上の使命を感じ、それこそが社会への新しい価値の創造であると信じて疑わなかった技術者にとって、それを阻む要因は悪でさえあった。それを押し潰すことは善であった。都市時代に突入して、土木事業を阻む側に別の価値観があり、別の論理が存在すること、つまりレールが一筋でないことを土木技術者は知った。価値の多様化、「公共の福祉」と私権の矛盾、「開発と保全」の相克が、至るところで問われる事態に直面して、土木技術者はその事業に忠実であればあるほど悩みは深くなる。

このような当面の問題に対して、現在の土木工学はほとんど無力である。それは社会科学の領域であって土木工学の問題ではないといわれるかもしれない。それでは、社会科学はこの問題で土木技術者に的確に答えてくれるだろうか。いや、学問の問題ではないといわれるか。それでは学問はいったいなんのためにあるのか。百歩譲って、それよりもやさしそうに見える公害に関する科学技術的側面に限っても、科学は必ずしも問題を十分には解明してくれない。災害、事故などの現象に対しても、科学の限界を思い知らされることが多い。構造物を与えられた強度に耐えうるように設計するような場合、自然科学とそれに根ざす土木工学は非常な進歩をとげてきたし、その偉力を十分に発揮している。「つくる」ことが主流である間は、土木工学は従来の方向を深く静かに直進すれば、十分に社会的任務に耐えられるであろう。しかし、すでに触れたように土木界の現代的課題は、自然・人間システムによる問題が支配的であり、それがまさに都市時代における土木事業の背負わざるを得ない特質なのである。

つくることがつねに善である時代は、土木工学の目的も明白であった。つくるために資する技術開発はつねに善であったし、そのための研究は無条件に善であったからである。学問のための学問もその限りにおいて意義のあることであった。したがって、世事に干渉されず、まっしぐらに現在の学問の方法論によって研究することが、学問の正しい方向であった。しかし、つくること、開発することの価値を再考しなければならなくなった都市時代においては、そうはいかないであろう。

換言すれば、土木事業に対する価値体系に大きな変換が始まっているのである。かつて河川工事の目的は、洪水を安全に流し、必要な水資源を求められるように技術手段を講じればよかった。土木構造物は与えられた強度に耐え、必要な機能を効率的に発揮できるようにある期間内に一定の経費で構築すれば、それで十分であった。ところが現代では、川とは、土木構造物とは、人間にとってなんであるのか、という根源的な問題を考えなくてはならなくなった。このような問いには、あるいは永遠に答えられないかもしれない。しかし、ともかく土木工学に従来は間接的な形でしか関与していなかった「人間」が直接入ってきたのである。具体的には、安全、景観などを含む自然・人間システムといってもよいであろう。本特集にも個々に解説されているように、補償とか河川公園とか「人間」の直接関与するテーマが学問の対象とならねばなるまい。

さらには、従来考えられていた「工学的効率」にしても、それはその構造物を含む土木事業が直接関与する閉じられた物的システムのなかでの効率であった。しかし、ある工学的範囲内での効率の高さが、それを含む社会的環境というトータル・システムにおいても高い効率であるとは限らない。つまり、これからの土木技術者は、トータル・システムでの効率について、深く思いをめぐらすことができなければならないであろう*7。

現在問われている環境問題との関連でこの議論を展開すれば、これからの土木事業は、土木構造物や機能施設を核としてトータル・システムとしての自然および社会環境を創造する技術活動を目途とすべきであろう。昨年の土木学会誌の標語は《創造に参加する歓びを》であった。この創造はもちろん環境の創造であり、参加は単に土木技術者のみではなく、住民とともに参加するという姿勢と理解したい。新しい時代を培う哲学はまだ確立されていないが、その方向は《環境創造》へと向いているに相違あるまい。その方向を見定めて、新しい土木思想の形成が試みられるならば、土木事業はこの転換期を乗り越えて、人間生活に新しい価値を与えうるであろう。それまでには土木関係者はいままでとは性格の異なる問題を抱えて悩まざるを得ない。その悩みのなかからしか新しい哲学は生まれてこないであろう。その苦労を回避して、いままでの惰性でこの状況を乗り切ろうとするならば、状況判断の甘さはともかくとしても、次代における土木技術者は無思想の職人的地位に甘んずることになり、その存在価値さえ影薄いものとなるであろう。

*7　トータル・システムでの効率の重要性は現在いよいよ明らかになっている。さらに現時点では、グローバル化への対応が、きわめて重要となり、学界、行政、民間いずれも、グローバル化に向けての施策が今後の公共事業発展の鍵となるであろう。

2 対立する都市と農村

――水資源開発の公共性を考える――

［論文］世界、一九七五年一〇月号、岩波書店、一九七五年一〇月

都市と農村の対立は、二〇世紀どの国でも経験した課題である。わが国でも、急激な都市化が高度経済成長を後押ししていた。各種の公害、交通や住宅問題に代表される都市問題に振り回された政治は、農村問題を軽視した。

都市の水不足が一九六〇年代から七〇年代にかけて国家的関心事であった。その解決のための技術手段としてのダム問題が、ダム立地の農山村とその恩恵を受けている都市との対立をさらに深めた。この論考発表の一九七五年（昭和五〇）、都市側の努力は、水需要の抑制、水道漏水率の減少への努力であった。都市民の節水意識はかなり高まった。その頃、東京都上水道の漏水率は一七パーセントであったが、現在では二・五パーセントと世界屈指の低さとなっている。水不足が、このように市民意識と水道技術を向上させたのである。

しかし、農山村の過疎化はさらに進み、都市と農村の対立は常識となり、今後解決の見込みはない。この問題は、より高次の国土構想によって対処すべきである。一九七〇年代に本稿に提起したような形で、水没に振り回されたダムサイト周辺の山村の苦悩があった。一方的に振り回される水源地の事情は現代も少しも解決されていない。

「地図にものらない都民川。無駄に流れているのです。貴重な水を守りましょう。蛇口はキチンと——誰にでもできる節水です。」

東京都水道局は、次々あれこれ工夫しては節水を訴え続けている。地下鉄でふと読んだこの一節は、漏水率の高い東京都の水道に対する自戒を内外に宣言しているのかと思った。都区内の上水道漏水率は公称一七パーセントである。なにせ東京の給水総量は莫大で年間約一六億トンにも達する。その二割弱の漏水量といえば、三億トン強にも相当し、全国ほとんどの各県一県の給水量を遥かに上回る。給水量の多い埼玉県をさえ上回る値となっている。東京都の漏水量以上を給水している府県は、大阪府、神奈川、愛知、兵庫の各県のみである。

しかし、節水のポスターを読み進むと、都民各自が日常生活において節水に励むよう勧めていることがわかる。それも各家庭のメーターの内側の節水奨励であるから、水道料金収入にも響くわけで、水使用者には親切な話にもなるわけである。とはいえ、独立採算制を建て前とし、交通、病院とともに三大赤字地方公営事業である水道事業にとって、節水を呼びかけるのは経営上問題のあるところであろうし、またよくよくのことだともいえよう。つまり、自ら販売している商品をなるべく使うなと宣伝しているようなものだからである。

東京都がこのような節水キャンペーンを始めたのは、昭和四八年一月以降のことである。すなわち、同月都水道局は「水道需要を抑制する施策（提言）」を公表し、雑用水道や水の循環利用による需要抑制を検討すると同時に、消費者に自主的節水を強力に呼びかけ、節水型機器の普及などを提案した。以来、一般都民、小中学校の教育の場などを通して、節水に関する積極的な広報活動が展開されている。「節水はパパの協力、ママの知恵」なるステッカーが都民各戸に入り込んだのもこの広報活動の一環である*1。

東京都は昭和三九年、東京オリンピックの年の夏、激しい水不足に襲われ、多くの都民はあの頃の厳しい給水制限を経験したこともあってか、節水のPRはある程度普及したようにも思われる。しかし、一方「水ぐらいは必需品でもあるし、ふんだんに使えるようにして欲しい」という声もあり、節水の呼びかけへの反発も少なくない。水道法第一五条には「水道事業者は、事業計画に定める給水区域内の需用者から給水契約の申し込みを受けたときは、正当な理由がなければ、これを拒んではならない。水道事業者は、当該水道により給水を受ける者に対し、常時水を供給しなければならない。……（後略）」と定められている。住民の要求に応じて清浄にして低廉豊富な水の供給を図ることが水道事業の目的とされている（第一条）建て前から照らすと、節水を住民に要求するのは、水道法に違反していることになる。

*1　一九七五年（昭和五〇）、東京圏の水需要は増加しつつあり、都が節水に力を入れたのは、歴史的に見ても賢明な対応であった。特に漏水率低下への努力は、今日、世界一流の低い漏水率を達成し、国際的にも評価されている第一歩が、一九七三年（昭和四八）であったことを評価したい。

水需要抑制の背景

都がかつてないこのような需要抑制を提言するに至った背景を、ここで概観してみよう。

都の水道需要は、終始着実に増加しており、特に昭和三〇年代の高度成長期からは急速な激増ぶりであった。昭和三〇年頃には、「水の消費量の大小が文明のバロメーター」とさえいわれていた。しかし、それを賄うための水供給、すなわち水資源開発は従来とも遅れがちであり、それは近年特に著しくなってきた。計画に沿った順調な水資源開発は容易には期待できない情勢である。

このまま推移すれば、近い将来に深刻な慢性的水不足を来たす恐れがあると判断して、東京都はとかく野放図になりがちな水需要の増加をまず抑えることを考え、一般都民に節水を訴えるに至った。戦後の私たちの生活は、アメリカの大量消費の傾向を強く受け、水の使用についてもアメリカ的生活に追随したことは否定できない。西欧諸国では、家庭においても都市の各施設においても、アメリカや日本よりも水は遥かに慎ましく使われている。私たちの日常生活において必須と考えられる生活用水は、飲料や炊事、洗濯、洗面手洗い、風呂、水洗便所、掃除その他で、かなり余裕を見込んで一人一日一〇〇ないし一五〇リットル程度であろう。東京都の水道統計で一人一日あたり水使用量が昭和四八年で年平均四四二リットルになっているのは、家事用を含めすべての使用量を給水人口で割っているからであり、家事用をそのうち半分とみれば約二二〇リットルになる。

節水の意義は、家事用水のうち必須の部分を重点的に確保するために、節減可能性がかなりある家事用以外の大口需要者や事業所の用水を節減することにある。その意味で、東京都が昭和四三年および今年の水道料金値上げに際して、大口需要者に特に高い値上げ率を採用したことは、水道事業会計の独立採算制を前提とする限り、評価に値する。というのは、節水は、単なる広報活動のみでは必ずしも大きな成果は期待できず、需要抑制型の強い累進性料金体系への移行によって、大口需要者や大量の家事用水使用者の節水を促すことができると考えられるからである。もちろん、特殊な需要者への優遇措置などの細かい配慮も必要であろうが、基本的には前述のような料金体系採用などにより、節水への具体的動機づけとすることが必要である。

都水道局によるこのような需要抑制ならびに節水の提言の動機は、一口にいえば、すでに触れたように水資源開発の大幅な遅れにあった。水供給の増加が思うようにいかないので、水需要の増加を鈍化させて、水需要バランスをとろうというわけである。しかし、水需要を抑制することは、単なる目先の需要バランスにむけた解決への一方途に止まらず、後述するようにさまざまな意味を持っている。とはいえ、需要抑制は、将来の水供給対策には全体的に消極的役割を果たすにすぎないであろう。東京都区部の夜間人口増は停滞してきたが、昼間人口はなお増大しており、都市活動の発展は水需要の漸進をもたらしつつある。需要抑制の効果が発揮されるとしても、当分は需要増加をある程度鈍化させるのに役立つにすぎない。

したがって、今後もある程度水資源開発を進めなければ、近い将来の水不足は打開できない。では、水資源開発はなぜ遅れているのか。

昭和五〇年までの首都圏の水の供給計画の基本であった「第二次利根川水系水資源開発基本計画」（通称利根川フルプラン）の目標達成率はわずか一六・八パーセントにすぎなかった。このプランによれば、昭和四五年から五〇年度の間に毎秒一三四トンを新規に開発する目標であったが、この間に完成したのは利根川河口堰による毎秒二二・五トンにすぎなかった。さらに現段階では予定より遅れるとはいえ、工事に入り完成の目途が立っているのは、渡良瀬川の草木ダムによる毎秒一四トンのみである。しかし、この草木ダムも総需要抑制の影響をまともに受け、このままでは工事の一時中止にもなりかねない厳しい情勢である。そもそも、昭和三九年から昭和四五年にかけての第一次利根川フルプランからしてその達成率は低かったので、その相当部分が第二次プランに送り込まれていたのであり、水資源開発達成率はつねに遅れっぱなしということになる。

それにもかかわらず、東京に関しては昭和三九年夏を頂点とする三〇年代後半を除いて深刻な水不足が発生していないのは、四〇年以降、利根川および多摩川上流域が降水に比較的恵まれていること、首都圏の水需要増が予想より鈍化していること、ならびに各県とも暫定水利権でなんとかやりくりしていることなどによる。暫定水利権とは、実際にはそのための水供給施設ができていないのに、将来取得できる可能性のある水量の一部を河川流況に余裕があるときに、先取り的に取水が許可されるものである。

こうして、第二次利根川フルプランはその目標をほんのわずかしか達成し得ずして時間切れになろうとしており、国土庁水資源局では、近く昭和六〇年を目標とする第三次利根川水系水資源開発基本計画を作成し発表する予定という。この計画に対し各県が提出している水供給の要望は相当大きく、国土庁としては水資源開発の可能性ともにらみ合わせ、各都県の要望をかなり減少させねばならないであろう。その配分をめぐっても、水大量消費側の南関東と、水源水供給側の北関東との基本的考えの相違が注目される。

水没と農山村の運命

水資源開発がなぜこのように進捗しないのであろうか。水資源開発の技術的極め手は、河川上流部にダムを築いて人工貯水池を設けることである。その他に、河口堰とか湖沼の開発、流況調整河川などの水資源開発の方法もあるが、それらの方法が可能な地域はきわめて限定されている。現在においては、なおダム建設が水資源開発における最も一般的かつ有効な手段であることは確かである。

わが国においてダム建設が盛んになったのは、昭和二〇年代末から三〇年代にかけてであった。特に昭和二七年の電源開発促進法、昭和三二年の特定多目的ダム法制定などを契機として、わが国にはダム・ブームの時代が訪れた。戦後のわが国河川に最も大きな変化を与えたのは、多くのダムの出現である。昭和二〇年以前においても発電用ダムなどが建設されてはいたが、高さ六〇メートル以上の大ダムは八個にすぎなかった。現在、わが国には高さ六〇メートル以上のダムが、洪水調節を主体とする多目的ダム、発電専用ダムなど合わせて約一五〇個にも達し、さらに多数のダムが工事中、調査中の段階にある。

戦後の昭和二〇年代の大水害頻発時に、治水の技術手段としてダムが脚光を浴び、やがて経済復興を担うエネルギー源として水力発電の有利性が強調され、特に大規模なダムが発電専用として建設された。たとえば、昭和三一年に完成した天竜川の佐久間ダムは、わが国最初の大規模機械化施工の成功例であり、それ以後の大規模土木事業の草分けの役割を果たしたといえる。やがて、昭和三〇年代半ば頃より、工業化、都市化に伴う水需要の急増に対処するため、水資源開発の促進が叫ばれ、多目的ダムのなかにこれら水資源開発の計画が取り上げられるようになった。昭和三六年に水資源開発促進法が制定され、水資源開発公団も発足した。この時期ダム施工技術も急速な進歩をとげ、現在では昭和三〇年頃には建設不能とされていた地形・地質条件の箇所にも次々と新型のダムを建設し得るようにさえなっている。ダムは、昭和三〇年以後におけるわが国土木技術の象徴でさえあり、エネルギー源として、洪水調節として、農業、工業、都市上水の水源として、大きな役割を果たしている。

しかし、ダムによって変わったのは川だけではなかった。ダムが築かれることによって貯水池の底に沈む住居や各種公私の財産、それによって居住環境や職業を変えざるを得ない多くの人々がいた。その対策としての水没補償に関しては、補償金額の大小のみがしばしば重大関心事であった。しかし、水没者や水没地域にとっては、補償金を受け取ってからが難関の始まりであった。時あたかも昭和三〇年代から始まった大都市への地すべり的人口移動、産業構造の変動はダム地点周辺の農山村の過疎化に拍車をかけ、農山村の荒廃を誘う例が多かった。水没者にしても、たとえ一時的に補償金を得ても、その後の生計や職業を順調に建てるのは一般的に容易ではない。対象農山村にとっては、過疎化の進行、貯水池上流側に残された集落の衰退を含め、その町村の運命が左右されてしまう。にもかかわらず、水没地域の住民や集落のその後の状況は一般にはよく知られておらず、その実態調査も数少ない。

これらの点に関して、従来どのような調査や研究が行われてきたかも含めて、ダム補償の実態調査を行った広範な先駆的研究として、華山謙博士の「補償の理論と現実——ダム補償を中心に」（一九六九年、勁草書房）がある。それまで調査されていなかった重要な点、すなわち、被補償者の補償金の使途とか、生活再建に失敗した原因などに注目した本研究は、発表当時には起業者側はもちろん、関連学界や一般から必ずしも十分な評価を得られなかった。研究方法としても、学際的というべき本研究の手法は、従来の各学問においてとられていた複数の手法を採用し、調和させねばならなかった。テーマも学問的方法においても、従来の傾向に則らない場合は、一般には学界において認められ難い。当時は、起業者側においても、技術系の学界においても、この種の研究の必要性と重要性についての認識はきわめて薄かった、最近、ダム建設の難航する例が多くなって、ようやくその重要性が認識され、この種の調査が始められるようになってきた。

ダム候補地点周辺の住民の現況、水没者のその後の生活などに関する調査は、元来起業者側が提唱するべきことであり、それでこそ開発計画というに相応しいものに近づくであろう。地域開発計画の成果を判定するには、古今東西を問わず、その開発の場の住民が、その開発によってどれだけよりよい生活を営めるようになるか否かが重要な視点である。開発対象地域住民が不利益を蒙り、たとえその数が少なくとも、遠く離れた大都会のみが繁栄するのであれば、いずれその歪みを社会の責任において償わねばならぬことになるだろう。

世界を驚かしたわが国の高度成長は、自然条件として恵まれていたわが国の農林漁業を圧迫することによって成し遂げられたといえよう。特にダム建設地点になった集落は、一般に過疎化が激しく進行した山村である場合が多く、選挙票少なく、圧力団体にもなり難く、社会的にもわが国で最も弱い部分といえよう。

起業者への不信

「下流側の水消費のために、なぜ私たちが犠牲にならなければならないのか」という声が上流水源側に起こってきたのも、むしろ自然のなりゆきといえる。最近は、土地取得や住居移転に伴う公共事業は、ほとんどの場合、住民の反対に直面しているが、ダム建設の場合の特徴は、移転対象地域がまとめて水没し、一集落もしくはその町村の中心部や過半が集中的に姿を消してしまう点である。換言すれば、個々の家の問題に止まらず、その町村の運命に大きく影響するのである。また、農山村の住民は、先祖以来その土地と運命を共にしてきただけに土地への愛着も執着も一段と強い。この点が都市とその周辺における公共事業の場合とは本質的に違うといえよう。

ダム計画進行にあたって、このような特性、とりわけ従来の歴史的経緯について起業者側に十分な認識が乏しいと今後ともダム計画の推進は容易でないであろう。ダム計画のある町村や、すでにダムが完成して何年か経過した町村へ行くと、ダム計画についての賛否両論側から、建設省などの起業者側への強い不信を聞かされる。それら不信は、土地を奪われ、職業を奪われることへの不安、もしくは奪われたことへの不満とは別に、計画発表から工事開始に至るまでのプロセスと、計画時の甘言に騙されたという意識が強いことに根ざしている。よくよく両者の言い分を聞くと、起業者側は形式論的には騙してはいない場合が大部分であるが、家を追われ職を奪われる側から見れば、形式より心情が大事である。電力専用ダムの場合でも、企業側は地元説明に際して、洪水調節にも大きな効果があると宣伝することが多かったようである。観光目的が明文化されていない多目的ダムの場合でも、起業者側は観光価値が期待できると強調した例は多い。ダム建設時における地元への数々の約束のなかには、担当者が何回か交代しているうちに履行されないでいる例もかなりあるようだ。

いったん洪水が襲来すると、貯水池への流入量とほぼ同量をダムから放流しなければならない場合がある。電力専用ダムには洪水調節義務はないのだが、地元住民はダムが洪水を緩和させるはずだと思っている場合が多く、その洪水の被害をめぐって紛争が起きる。洪水調節ダムといえども、洪水防御に対して万能ではあり得ない。洪水調節容量にも限度があるし、第一、ダムのない支流やダム地点下流に降った豪雨まで貯留できるわけはない。しかし、ダムができると水害がほとんどなくなるかのように、住民に過大評価されている場合も少なくない。おまけに、鹿児島県川内川の場合のように洪水調節ダムはできてもその下流側の河川改修が進捗せず、その間の治水計画に不斉合があって、ダムの効果を十分に発揮できず、水害を根絶できないこともある。これら要因もまた、水害時に地元住民が起業者側に不信を抱く原因となっている。ダムによる観光価値についても、貯水池さえできれば観光客が集まるわけではない。観光客が訪れるためには、交通条件を始め、その地域特有な風物などの誘致条件が整っていなければならないのはいうまでもない。また、ダムによる人工貯水池の場合、自然の池と異なり貯水池の水位変動がかなり大きいことも、観光や内水面漁業には不利な条件である。揚水発電のダムでは、毎日水位がかなり変動するし、洪水調節ダムでは洪水危険期の六月から九月にかけては、常時水位をかなり下げておかねばならない。たとえば、昭和四〇年に完成した北上川支流和賀川の湯田ダムによって生まれた錦秋湖は、その名の如く美しくなるはずで、多数の観光客が期待されていた。計画時には建設省もその観光価値を宣伝したようであるが、九月末までの期間は貯水位は低く制限され、運悪く湯田町の中心部が貯水池の上流端にあるため、町にとっての観光価値はほとんどない。水位が回復する一〇月には、豪雪地帯であるこの町はすでに寒く、観光客を受け入れる条件にない。

この種の不満から発する起業者への不信は、枚挙にいとまがない。昭和三〇年代の建設謳歌時代には、計画自体、また技術者自身もダム建設にその精力をもっぱら傾倒し、ダムによる所期の目的達成に主力を注ぎ、ダム建設後に生ずるさまざまな課題について配慮は十分ではなかった。また、水没者やその農山村に対しても、金銭補償のみにて問題が解決するかの如き安易な考え方が支配的であった。ダムは、技術者や起業者にとって、多くの場合、川の水を堰き止めて、流水の一部を貯め、洪水を緩和し、水力発電を起こし、水資源を開発するためだけのものであった。ダムが一方において、川を変革し、その周辺住民の生活を根本的に変えてしまうことを、知らないではなかったであろうが、それへの認識は十分ではなく、少なくとも計画段階においてそれらを十分に考慮に入れてはいなかった。

水源地域対策の転換

水源地域対策特別措置法が昭和四八年に国会を通過成立した。この法の目的は第一条で「この法律は、ダムまたは湖沼水位調節施設の建設によりその基礎条件が著しく変化する地域について、生活環境、産業基盤等を整備し、あわせて湖沼の水質を保全するため、水源地域整備計画を策定し、その実施を推進する等特別の措置を講ずることにより関係住民の生活の安定と福祉の向上を図り、もってダムおよび湖沼水位調節施設の建設を促進し、水資源の開発と国土の保全に寄与することを目的とする。」と記されている。この法律でいう「指定ダム」について第二条に「相当数の住宅又は相当の面積の農地が水没するダム」とあるが、具体的には三〇戸または三〇ヘクタール以上水没する場合が指定ダムの対象となる。なお、第三条には、水源地域（指定ダム等の建設によりその基礎条件が著しく変化すると認められる地域）の指定は、都道府県知事が予《あらかじ》め関係市町村長の意見を聞き、申し出ることが定められている。関係市町村長の意見重視がようやく明文化されるようになったのは、国土利用計画法以来、最近の傾向と見られる。水源地域整備計画に基づく事業を「整備事業」と称しているが、それには、土地改良、治山、治水、道路、簡易水道、下水道、義務教育施設、診療所などが含まれ（第五条）、指定ダムなどの建設に伴い生活の基礎を失うこととなる者については、生活再建のための措置のあっせんに努める（第八条）ことが定められている*2。

この法については、各様の評価がなされてはいるが、従来の金銭補償に偏っていた水源地域対策から脱皮して、ダムをひとつの要とする水源地整備、さらには地域計画への道を拓こうとした姿勢は、遅まきながら評価できよう。この種の法の整備は一〇年以上も前から地方自治体などから強く要望されていたが、陽の目を見るまでに年月を費やしすぎたことは否めない。また、実質的には、この法が主張する程度のことはすでに最近のダム事業では行っているのだから、目新しいことはないとか、生活再建措置が「あっせん」に止まっている点の不満とか、結局大ダムしか指定されないとか、さまざまな批判はある。確かに、関係地元町村側から見れば不十分な点はあると思われるが、政府のダム補償に対する考え方が転換したものとして受け取ることができよう。開発対象の地元を重んずるという、地域開発の原点に返る姿を示した点に微光を期待したい。

*2 水特法は一九九二年改正で、水没戸数二〇戸以上もしくは水没農地面積二〇ヘクタール以上、いずれかの条件を満足すれば適用されるように基準が緩和された。さらに一九九四年改正で、「ダム貯水池の水質の汚濁の防止」が水特法の目的に追加された。

都市と農山村の対立

しかし、より重要なことは、都市問題のひとつの重要な課題である水問題の根底に、都市と農山村の対立という困難な宿命の存在を、誰しも認めざるを得なくなった点にある。都市問題の解決には、農山村の問題がその奥深いところに横たわっている。水源地域対策特別措置法、俗に水特法を成立させたものは、当事者が意識すると否とにかかわらず、農山村問題、ひいては過疎対策問題への真剣な取り組みなくして都市問題の真の解決がないことを、為政者も技術者も認識せざるを得なくなったことを意味している。

すでに指摘したように、現在、ダム建設を遅らせているものは、昭和三〇年代の高度成長期における凄まじいばかりの建設ブームの揺り戻しであり、奇跡的とまでいわれた高度成長の一種の歪みとして、当事者はこの状況を噛みしめねばならないであろう。農林漁業、農山漁村の瓦解の代償に獲得した高度成長や、都会へ流出した農林漁業者を含めての生活水準の向上の陰に、少数ではあるがかなり広大な面積を擁する過疎町村の衰退があった。都市の繁栄は、都市と農山漁村の乖離をもたらし、公共投資、土木事業の主体は、もっぱら都市化社会の形成を技術面から力強く支えた。高度成長期における都市指向の開発や投資のあり方が批判にさらされている現今、農山村に設置する土木施設の典型例としてのダムが。当局にとっては予想以上に思わぬ抵抗を受けるのには、それだけの歴史的背景があると考えられる。

つまり、ダム建設をめぐる社会的困難の底流には、都市と農山村の関係という命題が控えている。一方、水問題、治水や利水をめぐる紛争は、古今東西を問わず、上流側と下流側の対立が宿命でさえある。多くの国際河川の上下流の対立、わが国でも各河川治水利水をめぐる上下流の対立はいちいち数えあげるまでもなく周知の事実である。かつては、その対立は各集落、村同士の対立であったが、現在では上流県と下流県の対立になることが多い。下流側に大都市や大工業地帯が集積された結果、下流側は水の大消費県となり、一方、上流側は人口流出の水源県となる。利根川の水を争う北関東と南関東。淀川における滋賀、京都、大阪。江の川における島根と広島。吉野川における香川と徳島。筑後川における大分と福岡などなど、ひとつひとつ挙げればきりがない。ダムに象徴される利水の争いは、古くからの通例である上流と下流の対立に加えて、戦後の旺盛な都市化の揺れ戻しとしての都市と農山村との対立が二重映しになって絡み合っている。

水特法の運用にあたっても、それが大都市への水供給のための便宜的もしくは水源地への姑息な「対策的」発想を出ないとすれば、水源地住民の不信を晴らし得ないのみならず、前述のマイナス効果を払拭する政策転換のテコともなり得ないであろう。水源地立法を水源地住民のためとするには、なお克服すべき幾多の法律ならびに行政技術的課題もある。昭和四五年の農林次官通達による新規開田の抑制が、ダムによる水没農民にも適用されて、水没による代替水田の開田もままならないといった種類の矛盾は多々ある。新しい発想の法律が施行される段階で、従来の法律、条例、次官通達的なものとそぐわないことはしばしばあることとはいえ、特例、例外的措置、法や通達の改正などを速やかに行うことによって、それら矛盾を逐次迅速に解決すべきである。その手際の程度によって、政策転換が真に行われているか否かがテストされるといってよい。

しかし、より本質的なことは、そのような法律事務的対応より、むしろダム建設に伴う水源地の真の地域計画が発足するか否かにかかっている。水特法の指定する整備事業を精一杯行ったからといって、それだけで地域開発が発足するものでもあるまい。それをひとつの契機として、過疎対策事業、山村振興事業などと一丸とした計画を樹立し、その実現の方途を地域地域の特性に照らして探るのでなければ、ダムも関連整備事業も水源地域振興に直接結びつくのは困難であろう。

戦後三〇年の歴史が、凄まじい都市化によって都市における集積の効果を謳歌した時代であるとすれば、これからの時代は、その集積のマイナス効果を清算するために費やさねばなるまい。ここにいうマイナス効果は、都市の環境破壊のみを指すのではなく、農山漁村の衰退、さらにはわが国の文化を根っこで支えてきた農山漁村の伝統的文化の衰微を挙げねばならない。戦後における旺盛な都市化、特にマンモス都市の出現は、交通や情報の革命と相まって、農山漁村を含む全国を「都市化」させ、画一化させてしまった、各地方ごとの民俗文化はもとより、農山漁村において長年培われてきた自然を認識する感覚のマヒをこそ恐れる。いかに都市の造形文明が一世を風靡していようが、私たちは根源的に自然に依存し、自然から離れることはできない。その自然との融合の知恵を私たちは農山漁村において蓄えてきたのである。

都市化の嵐のなかで消えなんとしている農山漁村の自然認識の知恵を保存し、継承し、育成することの価値を、農山漁民さえ忘れ去ろうとしている。私たちが今後自然と対話する智恵の源泉は、農山漁村にしかない。その源泉が枯れたとき、私たちは自然とつき合う動物的感覚を失ってしまうであろう。

住民参加への条件

ダム計画に関して、住民の不信をしばしば買うのは、計画の発表、進め方などに関するプロセスの問題である。地元住民の多くは、しばしば「ある日突然に」計画の内容を一方的に知らされ、そのあとは、原案を呑むか呑まないかという二者択一を強いられる。当局から提示される原案は、地元住民や第三者の意志や要望によって修正もしくは改訂される例は、いままでのところきわめて稀である。したがって、地元住民は、条件付き賛成か、硬直した絶対反対に追い込まれることになりやすい。ここに条件付きとは、一般に補償条件についてであって、ダム計画そのものについてではない。ダムは下流流域のために役立つのであって、ダム地点の町村は犠牲になるだけだ。そんなマイナス分を補償によって獲得しなければならないと水没者や水没町村は考える。しかし、ダム建設を契機とする水源地整備事業を地域振興のテコとするためには、ダムそのものがその対象地域にとっても何らかのプラスをもたらす、あるいは少なくともマイナスをできるだけ少なくするものでなくてはならない。その点については、地元自身がダム計画について建設的要望を提出できる方策が考慮されてしかるべきであろう。

ダム地点の町村にも、観光開発なり固定資産税なりのプラスがあると起業者側は考える。しかし、いままでに完成したダムによるプラス効果を見ると、その町村やその住民全体の福祉に結びついた例はきわめて少ない。黒部ダムの観光面での成果、相模ダムにおける県当局の手厚い投資による成果などは、全体から見れば例外に属する。むしろ、水特法などの存在しなかった昭和二〇年代、三〇年代に建設されたダムの場合は、地元への配慮が現在よりも遥かに少なかったことは否めない。建設時点での補償などは一応すでに落着したことであるので、それは問わないとしても、ダム建設後、地元に予期しなかった永続的不利益の生じている場合に関しては、その実態を調査して対策を考える積極的姿勢が起業者側に望まれる。それこそ地元の不信を払う正道であると考えられる。

その土地のことは、地元住民が一番よく知っている。たとえダムについての正確なイメージがないにしても、ダム建設によって変貌する郷土について、住民が最も強い関心を持つのはきわめて当然かつ自然である。水没集落や上流に取り残される集落住民の生活再建計画に関しても、長年そこで暮らし、その土地を肌で知っている地元住民や、その地域の生産や風土の特性を理解する専門家の知恵を活用すべきことはもちろんである。それは生活再建の問題に限らない。ダムが完成すると、ダム地点の町村がその貯水池の水を利用できないというのでは、地元住民には本能的に納得がいかないと思われる。もちろん、貯水池には水が貯まる。しかし、ダム計画時に地元に具体的水需要がなければ、それ以後の地元の取水権を放棄したことになる。ダムの下流側では、平時の流況が枯渇してしまうことが多く、地元ではダムができて川を奪われたと意識する。もとより、これらの状況は、ダム計画時に明確に規定されていることであって、起業者に契約違反や計画の不備があるわけでない。しかし、それがダム完成後、地元に継続的不満を与えていることも事実である。

そのような状況を回避するためには、すでに若干のダムでは行われたことであるが、ダム完成後の社会情勢の変化に適応できるように、ダムの目的変更がより容易に行えるようにすることであり、貯水容量のうちに環境容量とでも称すべきものを用意することであろう。その容量は、ダム下流の自然流況を維持し、広義の環境維持、下流増、緊急時の補給などに利用可能であり、従来の不特定用水をより拡大し理論づけて確保すべきであろう。

たとえば、大分県九重町に計画されている筑後川水系上流部のダム計画に対して、町は山村振興調査会（財団法人）の調査を踏まえて、ダム下流の平常の最低流量の確保を起業者に要求する新しい方式を採っている。

つまり、ダム地点の町村の立場からのダムの機能への最低限の要求が、計画案策定のいずれかの段階で取り入れられるべきである。このような住民参加の具体的方途については、今後慎重に検討を要するとはいえ、起業者側も地元住民の要求受け入れに積極的に対処すべきである。従来、技術者も含め起業者は、素人である住民の意向を計画的に織り込むことを恥とする傾向さえあった。玄人の面目いずこにありやとでもいうのであろうか。なるほど、ダムの構造技術や水理解析などに関しては、素人の口を出す場はあるまい。しかし、そもそも地域開発が住民のためのものであり、特に地元住民の福祉を重んじようとする政策転換があるならば、自分たちの町や村を流れる川の状況が、ダムができることによってどうなるのか、またそのダムによって何らかの利益を得ようとする地元の発言に、起業者は謙虚に、積極的に耳を傾け、その実現に智恵を絞ってこそ、優れた計画者といえる。そのような姿勢を嫌い、ダムによる利益を経済的効率の概念でのみ判断し、地元の要望を織り込む場の与えられないダム計画は、建設技術にもっぱら依存してダム事業を推進できたひと昔前ならいざ知らず、今後においては住民の納得のゆく優れた公共事業とはいえない。

ダム計画には限らないが、最近さまざまな公共事業への反対運動が頻発する傾向に対し、反対論者は代替案を提示して反対すべきであるといわれる。原案が適切であるという前提に立つ限り、これは正論であろう。欧米でも政府原案と代替案が公開で討議される例はしばしばである。ただしこの場合、重要なルールがある。それは、代替案提出者にも立案のための基礎資料が平等に提供されることである。もっとも、資料といっても、計画途上の資料などには業務の秘密上、公表できないものはあろうが、ここでいう基礎資料とは、ダム計画の場合でいえば、水文、気象、地形地質などの科学的資料、原案立案に至る科学的観点からの解析プロセスなどである。しかし、この種の資料でも、もしダム建設時点の地方自治体側からの要請で検討しようとするれば、企業側は悪用（?）されることを恐れて、容易には資料を提出しないのが現状である*3。

起業者側が、原案は変更しないといった硬直した姿勢を緩めないならば、その計画に納得しない住民は、計画の進展に結びつきそうな一切の事業に協力しないという強い姿勢を容易には崩さず、調査拒否はもちろん、説明聴取にも一切応じない硬直した姿勢で対抗する。起業者側にとっては、時には理解し難いかもしれないが、その奥底には長年の交渉の歴史的経緯や、類似のほかの計画における当局への不信感の積み重ねが原因していることが多い。

本年七月に発表された建設白書に曰く、「計画決定の段階から住民の意思の反映を図るための場を設けること。」この姿勢を建設省のダム計画にあたっても、具体的に速やかに実行されることを期待する。ここにいう住民とは、ダムの場合、もちろんダム地点の地方自治体の住民が最優先である。そのような実行を経て、初めてダム地点の農山漁村住民は、起業者を通して都市への不信、昭和三〇年代以来の「大都市の論理」への不信を少しずつでも払うことができるのではあるまいか。

筆者が掲げたいくつかの提言は、水源地域対策といい、住民参加といい、いずれもダム事業に従来より遥かに多額の費用と時間を要することを意味する。したがって、ダムによる水資源開発の原水単価はいよいよ高くなるであろうし、ダム建設までには長時間を要す

*3　当時、河川やダム関係の資料の多くは公表されなかったが、一九九〇年代、長良川河口堰の反対運動を契機に、建設省（現国土交通省）は大部分の資料の公開に踏み切った。

ることが一般化するであろう。しかし、それはやむを得ないというよりは当然のことである。むしろ、水というものは、経済的にも社会的にも高価なものだということが、一般の常識となるべきである。都会で水道の蛇口をひねる市民は、その水が山奥で多くの住民や財産を沈め、住民を移転させ、職業を換えさせることによって得られたことを味わうべきであろう。

川と人間のつき合い

ダム事業に限らず、わが国のような土地条件の場合には、およそどの公共事業においても住民の移動が必然的に伴う。とすれば、その移転のプロセス、移転者のその後の生活状況が、今後の公共事業の優劣度を判定する重要な視点と考えるべきである。

いかなる土木事業も自然環境に副次的影響を全く与えないということはあり得ない。重要なことは、その副次的影響を事前に予測し、それが重要なものであれば、その対策を的確に施すことである。いわゆる環境アセスメントである。ダムを築くと、水が貯まると同時に厄介なことに土砂も貯水池に堆積し、川全体の土砂流送の機構に影響を及ぼす。洪水後の貯水池の水質の汚濁が長期化することもある。貯水池の出現やダム下流の平時流況の変化は、生態系にさまざまな影響を与える。これらの影響が全く生じないようなダム建設は不可能である。それらのなかに、重大な悪影響が起こるものについては、全力をあげてその対応策を練らなければならない。

とかく従来、技術者は建設することにのみ熱心で、建設後の自然環境への影響とその技術的対策には一般に熱意を示さなかったといえる。学問の分野においても、建設後のことについては、研究の中心とはなりにくかった。最近は急激にその必要性が認識され、そのための基礎的調査も行われ、技術的対策も考案されるようになってきたが、なお部分的なものにとどまっているし、その学問的方法も確立していない場合が多い。生態学にしても、現段階では警告の学問の域を出にくく、したがって、開発しなければ生態系への悪影響はないので、すべての開発は望ましくないという結論になりかねない。開発と生態系との相互関係についての調査研究を開発側も積極的に行い、調査段階から生態学などの専門学者の協力を求めるのを原則とするべきであろう。

ダムのような巨大な構造物が、川に次々と設けられることによる川への技術活動の限界について、私たちは沈思しなければならない時機に来たように思える。しょせんは、自然の一部である川と人間との長いつき合いは、多くの技術活動を通して、対話のような相互反応を繰り返してきた。ダム、堰、大規模改修、無数の橋梁など、これらの技術活動の積み重ねが、川とその流域の深部にどのような影響を与えるのか。いまこそそれぞれの川における従来の技術の成果を振り返って、川の自然的、文化的、歴史的個性を追求し、技術力が急激に巨大になった今日以後、私たちが川とつき合うべき節度を見出す必要性がある。

全国のどこか二、三の川でよい。これ以上はもはや従来のような開発を行わない川を指定してもよい時機が来たように思う*4。

*4　大変弱い表現ではあるが、当時としては、むしろ積極的であったと思う。

水に対する新しい発想

水資源開発をめぐる幾多の問題点を概観してくると、そこには技術面、経済面、社会面のさまざまな局面で、新しい課題が提出され、いままでの考え方では容易に解決できないことを認識せざるを得ない。水についての新しい発想によって問題解決の方途を探らねばなるまい。

まず、原水単価の急上昇、水コストの増大が必然的でありやむを得ないとすれば、さしあたり予想されるのは、水道料金の問題である。多くの自治体で赤字に悩む水道会計は、このまま推移すればさらに急速に悪化するに違いない。さらには、水道料金の地域格差も放置できない。水源地の農山村のほうが、大都市よりも水道料金が高い場合が多く、一般に農山村に水道を拡張する場合は、高い補助率にもかかわらず高くつくのが一般的である。

これらの対策としては、都市においては需要抑制型料金体系の採用、厚生省が検討を始めた広域水道圏構想を積極的に推進し、水系への一元的経営を目標とすることが、料金格差の是正、かつ水不足への対応として有効なはずである。これに関連して、現行水道法では、新しい事態にはそぐわない面が出ている。いかなる水需要にも応じることを義務づけるわけにはいかなくなってきているし、水道事業は市町村の事業と規定されているが、地方主導型を堅持しつつ広域水道圏計画の行えるような法改正が必要である。

さらに水道会計の独立採算制の再検討である。これについては、すでに多様な見解が披歴されているが、現行のままでは水道料金を数年刻みに大幅値上げを続行する以外に手がないことになろう。さしあたりは累進性料金体系などによってある程度の時間稼ぎはできようが、抜本的には国庫補助の増率に向かうべきであろう。高度成長の時代に工業用水に手厚い補助が加えられていたことを想起すれば、福祉優先の時代を口にするならば、上水に優先的に手厚い補助が加えられるのは不可能ではないはずである。

ダム建設に、これからいっそう年月を要することを指摘したが、それでは水不足危機はどうするのか。ダムや河口堰以外には有力な水資源開発はないのか。地下水利用、流況調整河川、湖沼の利用、水の再利用、節水などを含む水利用効率化、水利用の転換（農地の宅地化などによる農業用水の利用転換）、海水の淡水化などの手段が考えられる。

これら各種の手段のなかには、地域によっては有力なものもあるが、ダムなどの河川表流水開発ほど普遍的ではなく、利用できる地域は一般に限定される。やはり、なお当分は河川水の開発が本命であることに変わりない。ただし、今後大いに促進すべき手段は、水利用効率化と再利用である。従来も工業用水などでは相当に再利用は進んでいるが、これからの都市上水、特に雑用水（水洗便所用、散水、掃除用水など）に下水処理水などを使用することが大都市などを中心にここ数年来調査が進み、一部実行されている。コストの点は現段階では現行上水の数倍にもなり、一般論としては引き合いにくいが、今後も上昇するダム開発費との差は、徐々に縮まってゆくと思われる。

元来、資源としての水の特性は、その循環性にある。極端なことをいえば、使用済みの水も浄化すれば何回も使うことができる。自然の一部である水を、私たちはいろいろと智恵をめぐらして開発し、利用してきた。自然から一時的に借りた水は、返すときにはできるだけ元に近い状態で返すのが、自然とつき合う基本ではあるまいか。循環性を特徴とする水資源の再利用の哲学はここに求められる＊5。

水利用効率化は、さまざまな面で考えられ、おそらくさしあたりは最も有効な手段であ

＊5 水の再利用は、当時水道関係者からは非現実的として評価されなかった。現在では下水処理水を河川環境維持のために流入する例が東京などで実施されている。シンガポールのように、自前の水が乏しい国では、再利用および海水淡水化を水利用の主流とする計画が進んでいる。シンガポールでは従来、水はもっぱらマレーシアから輸入していたが、水需要の過半を自前の水で賄う画期的計画が進行中である。

る。冒頭に紹介した東京都の節水キャンペーンもそのひとつであり、これは家庭のみならず、あらゆる事業所、公共機関、さらに上水のみならず他の水利用にも拡大すべきである。地域によっては、それは節水であるよりは、利用の仕方、捨て方の問題であり、あるいは配分の問題であろう。

このような水利用効率化を推進することによって、計画者、起業者、消費者のいずれもが、また水源県も水消費県の住民も、水の使い方と捨て方に新しい感覚を抱くことが期待される。

これからの時代の水需要のあり方についても、従来の大都市主導型から脱却しなければなるまい。過去の水需要増加の傾向を外挿する将来予測の方法は、特に大都市や大工場のような大量水消費者に関しては、もはや採用し難いであろう。水供給方式にしても、特に大都市の場合は、従来の河川水開発のみならず、各種の方法を組み合わせるきめ細かい方式に依存せざるを得ないであろう。すでに過大化した大都市、今後水需要の急増が予想される地方中核都市、これから水道を普及させたい地方都市や農山漁村では、それぞれ水需給対策がかなり異なってくると思われる。この場合、言うまでもなく、今後の全国の人口移動傾向、とりわけ大都市人口の限界、地方中核都市の適正規模、都市と農山村の人口バランスについて、水という面から国土のバランスを考え直す時代に来たと考えられる。

そのとき、水は単なる数量的計画の対象にとどまるのではなく、人間生活と産業を経済面でも、文化面でも、その根底から支えるものとして理解すべきである。水計画は、水の量や質のデータに基づく机上のプランから出発するのではなく、まず計画者は、従来の概念にこだわることなく、水需要、水コスト、関連住民への対応などに新しい発想と方式を持つべきであり、水需要側にも水への意識の変革を求めたい。しかし、なによりも重要なのは、たとえば、水源の山村の住民と、都市の給水制限に悩み、先行きの水不足を懸念する住民とが話し合える場が設定されることが、出発点となるべきである。

追記

本稿を発表してから、三六年、水源地におけるダム水没対象者とその集落の悲哀は少しも解消されていない。河川上流域の過疎化はさらに進み、都市と山村の較差は拡がる一方である。加えて政権交代後は、いくつかのダム廃止案が唱えられ、水没対象者は、さらに政治の動向に翻弄されている。ダム反対から数十年かけて賛成に踏み切った人々は、再びダム中止で三代もかけて政治に振り回されている。ダムに賛成・反対であろうが、その時々の時代の美名に操られたこれら少数者の苦悩にどう応えるかこそ、政治が解決すべき重大課題である。（二〇一一年九月）

3 いま、土木技術を考える

――来し方を踏まえて明日を展望する――

【論文】土木学会誌、一九七九年一月号、土木学会、一九七九年一月

前稿「転機に立つ土木事業」を土木学会誌に発表してから六年、一九七九年（昭和五四）の新年号は、その時点での土木技術のあり方を編集委員から求められての論考である。この二論考の間、すなわち一九七三～七六（昭和四八～五一）、私は土木学会誌編集委員長の職にあり、その間は私の主張によって土木学会誌には私は一切投稿していない。したがって、この二編は委員長前後の私の考えの提示である。「いま、土木技術を考える――来し方を踏まえて明日を展望する――」の「いま」の一九七九年は、米国でスリーマイル島原子力発電所の放射能漏れ事故が発生した年であり、国内では、当時世界最長の上越新幹線大清水トンネル貫通、本四公団による日本最長のアーチ橋・大三島橋の開通など、土木事業の多くの成果を毎年派手に祝っていた時代である。

この時期に際して、私は明治の土木リーダーの巨人を紹介し、彼らの自然観、技術観が

土木思想の根幹であったと指摘した。その延長線上に、戦後の高度成長を支えたインフラ整備に貢献した先輩たちの偉業の心意気を高く評価した。しかし、大衆の土木事業、そして公共事業を見る目が、明らかに変化してきた。一九七〇年代に入り、技術革新の波は後退し、近代工業文明への反省が求められるようになった。国内の人口移動も変化し始め、いわゆる「地方の時代」農林漁業の衰退に応じ、価値観多様化の時代に突入していることを強く認識しての土木技術思想の展開を求めた。それに応じた土木技術者の対応こそが迫られていると結んでいる。

土木事業の評価の変化

歴史には節目がある。何人も歴史から逃れることはできない。土木界もいま、歴史のこの曲がり角に立って、思い悩んでいる。この転換期にどう対処するかによって、斯界の盛衰がかかるといっても過言ではない。

昨年一〇月一〇日、本州四国連絡橋、いわゆる本四架橋の最重要ルートともいわれる児島—坂出ルートの起工式が、慎重な雰囲気のうちにも秘めたる情熱を込めてあげられた。一部の反対運動や環境問題への配慮が野放しの「盛大祝典」を回避したのであろうが、ここにも時代の大きな移り変わりを見せつけられる思いがする。しかし、このプロジェクト自体が、世界土木史にも稀な大建設計画であることは間違いない。なにしろ三ルート完成の暁には、一一橋の吊橋を含み、海上部だけでも総延長約三〇キロメートルにも及び、世界長大吊橋の支間長ロンゲスト二〇のほぼ半ばが日本の吊橋で占められることになるはずだという巨大構想である。この調査が本格的に始まった一九五九年から約一〇年間の熱狂的な架橋ブームから推せば、架橋起工式は、一九六四年一〇月一〇日の東京オリンピック開会式、あるいは一九七〇年三月一五日の大阪万国博開会式のような盛り上がりのある全国民的行事になってもよいほどであった。

しかし、万博以後、一九七一年のドルショック、一九七三年のオイルショックという経済的要因もさることながら、環境問題や住民運動の頻発は、すべての公共事業に対する住民の目を変革してきている。本四架橋にしても他の公共事業にしても、反対者はほんの一部であるといって軽視してはなるまい。土木事業の「公共性」に対する再検討、もしくはより慎重な対応が全国至るところの公共事業に対し問われるようになっているからである。本四架橋起工式のテレビや新聞記事を見ながら、この十数年間の「公共事業を見る住民の目」の変化に思いを致した土木技術者は多いに違いない。この変化をもたらしたもの、この変化の底に潜むもの、その社会的背景、その歴史的意味を、いかに的確に把握し、それへの対応を生み出すか否かに、この歴史の節目を乗り切る鍵があるし、これからの土木界のあるべき方向が示唆されているであろう。

第四期を迎える日本の土木技術

一昨年、一九七七年の『土木学会誌』一月号は、「第四期を迎える日本の土木技術」という特集号であった。「第四期」という一見、いや一聞耳新しい呼び名に戸惑った会員も多かったかもしれない。当時、筆者は学会誌編集委員会委員長であったので、その間の事情を若干付言するならば、少なくとも「第四期」なる呼び方は、学会事務局の会誌担当の河村忠男さんが名付親だった。ただし、その考え方、さらには同特集編集の意図は、編集委員会の意向を体して行われたことは言うまでもない。その特集号の巻頭言には次のように解説されている。

「高度成長期が終わり、安定成長時代を迎えて、土木界はどう対応すべきか。環境問題や住民運動に直面して、土木技術者は有史以来の新しい体験に遭遇している。この事態をわれわれ土木界にとっての大きな転回点と理解し、第四期時代への突入と名づけた。

すなわち、有史以来明治初期までが第一期、その時代は中国大陸技術の浸透はあるものの、日本特有の条件に適合する土木技術の経験を尊重しつつ育て、それなりに成果をあげてきた時期である。第二期は、明治初頭以後、第二次大戦終了までの時代である。欧米科学技術を輸入し、土木工学はその教育体制を整え、しかも日本の土木技術を確立した時期である。第三期は、敗戦後の苦しい情勢から立ち直り、機械化施工の革新的発展、工学と技術の飛躍的進歩が、日本経済の立ち直りと急成長を背景として、従来実現できなかったさまざまな大規模かつ全く斬新な土木事業を成功させた時期であり、いわば土木黄金時代ともいえる。そして第三期の揺れ戻し的状況下に現在の第四期を迎えたと理解することができよう。……（以下略）」

この表現を借りれば、いまや私たちは、第三期に別れを告げ、第四期の入口に立って新しい時代にどう生きるかと悩んでいる。従来の思考や方法では対処できなくなったとき、人々は静かに来し方を顧み、新しい哲学を探索する。特に、かつての転換期には先輩はどんな新しい思想を体し、いかなる新鮮な技術を編み出して乗り切ったのか。そして、その転換点以後、土木事業はどう展開し、その成果は国土にどんな軌跡を描いたのか。国土の姿に、それまでの土木事業の蓄積の総決算が、歴然と記録されているからである。

明治以降の国土の大変貌

ここにいう第二期、すなわち明治維新から約一世紀を経た。もし、明治初期に航空写真が撮影できたとして、当時と今日の日本列島の航空写真を比較したとすれば、そのあまりに大きな国土の変貌に驚くに違いない。たとえば、川筋に沿って上流から下流へたどってみよう。ダムによる人工貯水池、多くの大規模な取水堰、両岸に延々と続く堤防、取水堰からの導水路、かつて曲がりくねっていた河道が整正直線化、下流部の放水路、河口の導流堤、河口港施設、巨大な海岸堤防など、これらすべてが明治初期の航空写真には映じていない。いや、もっとてっとり早く明治前期の参謀本部による迅速図と最近の国土地理院の五万分の一地形図とを比較すればよい。川筋よりはさらに流域や臨海部の土地利用の一世紀の変貌には目を見張るものがある。ただし、ここに述べた変貌のうち、大型構造物、大規模プロジェクトによるものは主として昭和三〇年代以降、この二〇年間の開発の成果である。この一〇〇年、特にこの二〇年に、国土は有史以来の大変化をとげたことになる。

さらに、より重要なことは、写真や地形図上には見えない変貌である。たとえば、水環境についていえば、流域の旺盛な開発と河川改修事業は、出水時の流出機構を著しく変化させた。同程度の豪雨量に対して、ほとんどの河川において、現在では明治大正時代よりも遥かに大きな洪水流量が発生するようになっている。開発が、流域の出水時の保水滞留機能を低下させたのである。多くの沖積平野で地下水位が低下し、それが海岸近くの場合には、地下水への塩水混入となって現れている。地下水の過剰揚水が主な原因である場合が多い。それが甚だしい場合には、地盤沈下を引き起こしている。特に、東京江東地区、名古屋南部、大阪尼崎などの臨海低平地の大都市とその近郊や、工場や水田地帯での地下水多量利用地域、あるいは、新潟、千葉のように水溶性天然ガス採取に起因する地域での沈下が激しい。都市河川や都市、工場の排水を引き受ける湖沼での水質汚濁もまた、水環境の悪化の一面である。

海岸線も海浜の様相も、ここ一〇〇年の間、特にこの二〇年間に大きく変化した典型例といえる。埋立干拓による積極的開発による海への進出がある一方、海岸浸食による陸地の後退もある。掘込港湾を軸とする臨海工業地帯などによる海岸地形の大規模改変がある一方、砂浜の減少が海水浴場を減らし、白砂青松の日本的風景が消滅した例も多い。

ここには水環境と海岸線についての変化を点描したにすぎないが、その他のさまざまな局面においても、国土環境は、この一〇〇年、特にこの二〇年に激変したといってよい。その変貌は、一方においては旺盛な開発による積極的な変貌であり、他方において開発に対する自然界のレスポンスとして生じた好ましからざる変貌である。私たち土木技術者は、その栄光を誇るとともに、環境破壊の責の一端をも担わなければならないであろう。その変貌は、第二期以後継続的に進行したが、それが第三期において爆発的集中的に起こったのであった。

特に、環境への悪影響は第三期において噴出したといえる。

明治の指導者の使命感

この一〇〇年の高能率な国土開発が、とにもかくにも日本の近代化、さらには高度成長を国土基盤という縁の下から支えたことは自負に値しよう。これら土木事業を支えた土木思想とはなんであろうか。土木技術者の諸先輩方は、どんな原動力といかなる理想を秘めて国土開発に従事したのであろうか。また、その延長線上に環境問題や住民の抵抗による土木技術者の悩みが生じているのはなぜであろうか。

一九六七年春、ネパール王国のビレンドラ・ビール・ビクラム・シャー・デーブ(Biremdra Bir Bikram Shar Dev)国王(当時皇太子)が数カ月間、東京大学に留学されていた。いわゆる〈帝王学〉であって、特定の専門教育を受けたのではない。筆者はビレンドラ皇太子にご進講の機会があり、水資源の開発条件などについての日本とネパールの比較を話したが、皇太子が最も関心を持たれたのは、明治以降における日本の近代化成功の原因、特に国土開発を含む工業技術発展の要因であった。イートン校に留学経験もあり、見事な英語を話す聡明な皇太子は、自国の自主独立への道を探る熱意に満ち、次々と的確な質問を放った。

「明治初期、欧米に留学した日本青年たちは、みな日本へ帰ってきましたか?」

「日本の段々畑の潅がいの方法とその費用は?」

これらの質問は、いずれもネパールの今後にとってきわめて重要な意味を持っている。当時、皇太子はネパールから欧米への留学生が、それぞれ留学先に留まって自国へ帰らず、したがって、ネパールの自立発展に尽くしてくれないことに悩んでいた。

「明治維新に欧米へ留学した日本青年は皆、祖国近代化のために帰国し、十分に期待に応え、明治日本の支柱となったのです。彼らは留学中、自分が一時間でも無為に過ごせば、日本の発展はそれだけ遅れるという自覚と気概に満ちて勉強しました」。

筆者は、古市公威（一八五四〜一九三四年）の一八七五年から一八八〇年にかけてのフランス留学中の真摯な生活ぶりを紹介したが、皇太子がそれを大変うらやましく感じておられたのが忘れられない。一九世紀末の明治日本ほど国民意識が昂揚していた時代は、おそらく世界史においてもなかったであろう。長い鎖国から開国した日本は、西欧近代文明を謙虚に全面的に受け入れようとした。この時代、欧米から招いた教師、留学から帰ってきたエリートに、日本は技術指導を含む一切を任せたといってよい。選ばれた留学生もそれを十分自覚し、まさに死に物狂いの努力を重ねたのであった。一九世紀という世界史的状況、幕末から明治へと移る日本の特殊な転機、この時期における日本のエリートの高い教養と使命感、明治初期までの国土開発の蓄積と技術、これらすべてが、「日本のこの一〇〇年」に続こうとする第二次大戦後の開発途上国の置かれた状況とは著しく異なっている。つまり、これら条件を考慮せずして明治の指導者の燃えるような使命感を理解することはできないし、開発途上国の多くが、明治以後の日本の経済発展を模倣しようにも、そもそも歴史的社会的基盤の条件が違うといわなければならないであろう。

明治土木人の生き方

廣井勇（一八六二〜一九二八年）の一生[*1]もまた明治期の日本土木技術者の典型であった。彼が近代土木工学を確立し、近代土木技術の礎を築いた巨人であることは周知のとお

*1　故廣井勇工学博士記念事業会編輯『工学博士 廣井 勇伝』昭和五年
古市公威が題字を書き、中山秀三郎が事業会委員長となって編集された本書は、廣井勇の一生の業績と人となりを具体的に紹介している。毎年北海道大学工学部土木工学科においては、卒業生のうち特に優秀な学生に、本書の復刻版を授与している。なお、廣井勇についてのシンポジウムが土木学会日本土木史研究委員会主催で、一九七八年五月二二日、札幌で行われた。

りである。しかし、なによりも増してここに力説しておかなければならないのは、その土木技術者としての生き方*2である。

廣井の代表的土木事業としての小樽築港（一八九七～一九〇八年）に際しては、彼は毎朝労務者より早く現場に赴き、夜もまた最も遅くまで事務を執っていた。現場では半ズボン姿でコンクリートを自ら練っていたという。彼の学問的業績をここで紹介するまでもないが、彼が技術の実際面を重んじたことを強調したい。「設計だけする人はいくらでもいるが、完全に工事を遂行する人は少ない。設計よりは工事をまとめることのほうが大切だ」と主張し、その技術観はきわめて実践性に富むものであった。技術者の生き方については、つねに筋の通った厳しさを貫いた。特に官僚の立身出世主義には強く批判的であったようで、「工学者たるもの、技術者としての自分の真の実力をつねに錬磨し、世の中の有象無象に惑わされず、技術を通して文明の基礎づくりに努力すべきだ」と述べ、「生きている限りは働く」信念を終生守り続けた。晩年、彼は工学について次のように語っていたという。

「もし工学が唯に人生を繁雑にするのみならばなんの意味もない。これによって数日を要するところを数時間の距離に短縮し、一日の労役を一時間に止め、それによって得られた時間で静かに人生を思惟し、反省し、神に帰るの余裕を与えることにならなければ、われら工学には全く意味を見出すことはできない」。

札幌農学校でウィリアム・ホイラー（William Wheeler）*3というよき師に恵まれた廣井勇は、ウィリアム・スミス・クラーク（W. S. Clark）博士が築いた学の精神をも体して、一八八一（明治一四）年同校を卒業した。ここでは、あたかも松下村塾のように、教える者と教えられる者との人間的な信頼、共通の目標にひたむきに突き進む燃焼があっ

*2　飯田賢一『技術思想の先駆者たち』東洋経済新報社、二五八～二七四頁、一九七七年

写真1　小樽公園にある廣井博士の胸像を訪ねた土木学会日本土木史研究委員会主催の廣井シンポジウム参加者一行

*3　ウィリアム・ホイーラーは、マサチューセッツ州立農科大学出身。クラークのあと札幌農学校の教頭となった。在職三年半。札幌の豊平橋の設計、石狩川水利測量手続書を作成、時計台（もと農学校演武場）の設計者ともいわれる。帰国後ボストンで建設会社を設立。土木工

た。明治前期という時代は、熱っぽい青年の純情を燃焼させる乾燥しきった薪炭が、この日本の精神的風土のなかで待ち受けていたのだった。

廣井勇の数多い優秀な弟子のひとりに青山士がいる。青山は、一高時代から、いま最も人類のためになる仕事は何かと思いつめていたが、それはパナマ運河工事であると判断し、一九〇三年東京帝国大学を卒業するや否や、親にも会わず、廣井勇の紹介状一通を携えてアメリカに渡ったのである。彼は日本人技師として唯一人、不衛生な熱帯の地に留まり、パナマ運河工事に一九〇四年から一九一一年まで従事した*4。

一九二八年一〇月四日、廣井勇の告別式における札幌農学校の同級生であった内村鑑三が述べた弔辞*5の一節を紹介しよう。

「……廣井君在りて明治大正の日本は清きエンジニアを持ちました。……日本の工学界に廣井勇君ありと聞いて、私どもはその将来につき大なる希望を懐いて可なりと信じます。……廣井君にはその事業の始めより鋭い工学的良心があったのであります。そしてその良心が君の全生涯を通して強く働いたのであります。わが作りし橋、わが築きし防波堤がすべての抵抗に堪え得るや、との深い心配がつねにあり、その良心その心配が君の工学をして世の多くの工学の上に一頭地を抽《ぬき》んでしめたのであります。君の工学は君自身を益せずして国家と社会と民衆とを永久に益したのであります。廣井君の工学はキリスト教的紳士の工学でありました。君の生涯の事業はそれ故に殊に貴いのであります。……君は毎朝毎夜、戸を閉じて、夜は灯を消して祈祷に従事しました。……この隠れたる信仰、一時は福音の戦士たらんとまで決心せしこの神に対する信仰が、君の成し遂げしすべての大事業を聖めたのであります。君は言葉を以てする伝道を断念して事業を以てする伝道を行わ

学の理論と実務両面に秀でており、廣井勇の大成に大きな影響を与えたと思われる。

*4 高橋裕「名誉会員 青山士をお訪ねして」土木学会誌、四七巻一号、三六〜三九頁、一九六二年一月

*5 内村鑑三「舊友廣井 勇君を葬るの辞」文献1の廣井勇伝の巻頭に所載

れたのであります。小樽の港を出入りする船舶は、かの堅固なる防波堤により永久に君の信仰を見るのであります。廣井勇君の信仰は私の信仰の如くに書物には現れませんでしたが、それにも遥かに勝りて、多くの強固なる橋梁、安全なる港に現れています。

しかしながら、人は事業ではありません。性格であります。……廣井君が工学に成功したのは、君が天与の才能を利用したにすぎません。しかしながら、いかなる精神を以て才能を利用せしか、人の価値はこれによって定まるのであります。世の人は事業によって人を評しますが、神と神による人とは人によって事業を評します。廣井君の事業よりも、廣井君自身が偉かったのであります。日本の土木学界における君の地位は、これがために貴かったのであります。……君の貴きはここにあるとして、君の事業の貴きゆえんもまたここにあるのであります。事業のための事業にあらず、「この貧乏国の民に教を伝うる前にまず食物を与えん」との精神のもとに始められた事業でありました。それがゆえに異彩を放ち、一種独特の永久性のある事業であったのであります……」

一九六三年四月二一日、廣井勇の弟子である青山士の追悼式において、内村鑑三の弟子にあたる南原繁の弔辞*6の一部には次のように述べられている。

「……青山さんの生涯を通じて彼を導いたモットーは“I wish to leave this world better than I was born”であった。これこそは、青山さんが一高生徒の頃私淑した内村鑑三先生の「求安録」から学んだ句で、氏が大学に入って土木工学を一生の業として選んだのも、この言葉が決定したのである。われわれの生まれたこの地――洪水が襲い、疫病が蔓るこの大地――を、少しでもよくして、後代に残したいというのが、神から示された青山さん

*6　南原繁「ある土木技師の生涯」『日本の理想』岩波書店、二八八～二九五頁、一九六四年

の生涯の使命であったのである。……彼はその一生、おそらく信仰について、一片の文章も書かず、一度の説教も試みたことはなかった。ただ黙々と、己が命ぜられた「地の仕事」に、すべてを打ち込んだといっていい。……令嬢が嫁するときに、日本の武士の家庭の習慣に従って、一振りの懐剣を与えたということであるが、そこには趣味以上にその性格と精神がよく象徴されている。青山士はその字の示すごとく、実に「サムライ」らしいキリスト者であった。彼はそれほど祖国日本とその伝統を愛した。だが、それと同時に、いな、それ以上に、人類と正義を愛した。信濃川分水工事の記念碑に「人類ノ為メ国ノ為メ」と誌した。日本の河川工事竣工の場合にも、それが人類の幸福と世界の平和につながるものであらんことを、青山技師は絶えず願ったのであった……」。

明治期における日本土木技術は、このような人々の壮絶とでもいうべき献身的努力の蓄積によって確立された。その武器は堰を切ったように輸入された近代科学技術であった。具体的には、その基礎をなす力学的概念であり、それに鉄鋼、コンクリートという画期的新鋭材料が駆使された。さらに、これら概念を包括する自然観、技術観が明治以降の土木思想の根幹となっていた。明治期の土木指導者は、江戸時代までの日本の武士道の倫理観を体しつつ欧米科学思想と西欧文明思想によって土木事業を推進し、それに成功したといえる。しかも、それが長い鎖国からの解放感と、欧米に追いつこうとする使命感が合体し、燃えさかったのであった。しかも、優れた資質と熱意に満ちた指導者と、それを崇敬し従ってゆく技術者群とその後継者に恵まれ、一致協力の体制が見事に組まれ、それがまた偉大な力となって明治以後の国土開発の礎となったのである。

戦後の土木黄金時代

一九四五年の敗戦により、日本は一時的に虚脱と絶望の淵に落ち込む。土木界第二期の終焉である。しかし、幾多の困難な条件下にも、土木界にはなすべき仕事が山積されていた、戦災復興、食糧増産、水害防止が土木界に与えられた主要な緊急課題であった。

戦後の食糧危機を乗り切った後には、工業化というよりむしろ、当初は戦前の工業生産水準復帰が目標とされた。そのためにはまずエネルギー開発が緊急を要した。石炭増産に次いで、一九五〇年の国土総合開発法、一九五二年の電源開発促進法、の頃から国土開発ブームが訪れ、ようやくにして敗戦による沈滞ムードを吹き飛ばしていく。

その転機の象徴として佐久間ダム工事がある。一九五三年四月、請負契約が締結されたこの工事は、そのわずか三年後の一九五六年一〇月、すべての工事を完了した。天竜峡谷のこの難所にダムを築くこと自体、かつては不可能視されていたが、これをこのような短時日で完成し得たのは、機械化施工の威力であった。当時この工事を指導した永田年は、その機縁を次のように述べている。

「筆者が北海道時代に進駐軍の監督事務所より借り読みしたアメリカ合衆国の文献によると、佐久間地点は合衆国の機械化土木施工法を採用すれば、三カ年程度の短期間に開発できると判断された……」*7。

その頃、日本には一〇〇メートル以上のダムは皆無であったから、高さ一五〇メートル、発電出力三五万キロワットを生む佐久間ダムの工事は、まさに画期的としかいいようがなかった。機械化施工の経験に乏しい日本ではあったが、一九五〇年沖縄における米軍基地工事への参加が、大型建設機械に初めて接する機会を得、機械化施工への自信を与

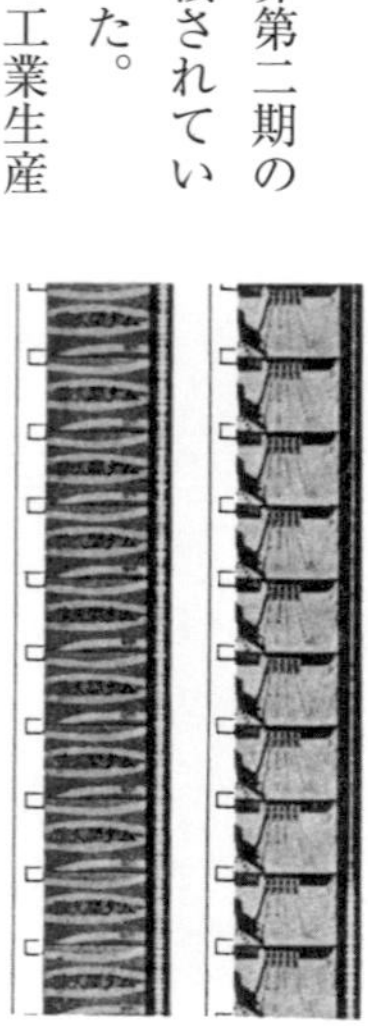

写真2 名画「佐久間ダム」のタイトルバックと建設譜のひとこま

*7 永田年「佐久間ダム・機械化施工の黎明」土木学会誌、六〇巻一号、「特集・転換期にたつ土木六〇年」四八～五一頁、一九七五年一月

え、施工技術の画期的進歩への道を拓いていた*8。
佐久間ダム工事において、日本の土木現場に初めて巨大な一五トン・ダンプトラック、一・五トンのマリオンのパワーショベルを組み合わせての仮排水路トンネルからのずりの搬出、トンネル掘削が実施された。一六台の削岩機を持つジャンボによる全断面掘削を始め、さまざまな新機械、新工法が天竜の峡谷に栄光の舞台を得て活躍した。土木現場で労務者全員に保安帽をかぶせたのは佐久間ダム工事が初めてであった。特に、トビ職はこんなものかぶる卑怯者はトビにはいないといって、かぶせるのに苦労したという*9。

佐久間ダム建設工事における機械化施工の成功は、これ以後の日本のダム工事のみならず、すべての大型土木工事を変革した。佐久間ダム工事の機械は次に下流の秋葉ダムで使われ、やがてコンクリート重力ダムからアーチダム、さらにはロックフィルダム全盛の時代になると、より大型の土木機械が現場に現れるようになった。やがて迎えた高度成長時代に、土木のあらゆる現場に革新的事業が併行して雄叫びをあげて進行する。一九六〇年竣工の田子倉ダム、一九六二年完成の奥只見ダム、一九六三年には黒部ダム、一九六四年の東海道新幹線、一九六五年の名神高速道路、一九六七年神戸港摩耶埠頭、一九六九年鹿島港などなど、いずれも敗戦の頃には夢にも実現可能とは思われていなかったものばかりである。上述の代表的ビッグプロジェクトを軸に、この間に東海道から瀬戸内にかけて多数の臨海工業地帯が育成され、大都市周辺のニュータウン建設など、一九五〇年代から一九六〇年代にかけては、まさに〈土木黄金時代〉と呼ぶに相応《ふさわ》しい。

この時代を出現せしめた原動力は、明治維新から一九四五年までにすでに蓄積された土木技術であり、敗戦という劇的沈痛な歴史的体験ののちに、祖国の基盤を復興しようとした当時の土木技術者の情熱であったといってよい。敗戦によって私たちは植民地の喪失を

*8 海外建設協力会『海外建設協力会20年のあゆみ』六頁、一九七六年

*9 永田年「佐久間ダム・機械化施工の黎明」土木学会誌、六〇巻一号、「特集・転換期にたつ土木六〇年」四八〜五一頁、一九七五年一月

含め、多くの人命、財産を失った。土木界においても大陸などでの優れた成果を失ったが、それら事業に発揮された技術力は、戦後の国土復興において見事に結集されたと見ることができる。戦後においては、日本土木界の目標は国土の平和復興という明快な目標に凝集され、第二期のように軍事目的との調和を考慮する必要もなく、ただひたすら荒廃した国土を蘇生し、生産力ある国土とし、国民生活向上の基盤づくりを、この狭小な国土に高密度に結実させることであった。この単純明快な方向に向かって、各分野の土木技術者が能力と熱意を十二分に発揮した成果が〈土木黄金時代〉を到来せしめたといえる。この場合にもまた、第二期においてそうであったように、私たちは外国の先端技術の導入にきわめて謙虚であり、それのこの国土への適応においても柔軟かつ独創的であったと評価すべきである。土木技術はそれが駆使される地域の自然的および社会経済的特性に決定的に左右されるのであるから、技術を単に輸入するだけでは、この国土にそれを見事に開花させることはできない。第二期および第三期におけるわが国の土木技術の急速の発展によって、日本の土木技術は一挙に世界一流にまで向上した。第三期黄金時代の世界に冠たる土木事業の成果は、単なる模倣的直輸入だけでは達成し得なかったことは、佐久間ダム工事の成果とその施工技術のその後のほかの施工分野への波及浸透効果によって、見事に証明されている。

司馬遼太郎[*10]によれば、日本の歴史は大土木工事を行うための巨大な労働力を集めるだけの権力を持たなかった。それが、昭和三〇年代頃に、大型土木機械や労働者を駆使することによって、巨大労働力に相当するものを史上初めて獲得したことになる。そうしたら有頂天になってしまった。要するに慣れないことをやって、それになかなか思想がついてこなかった。彼は、第三期は〈土木黄金時代〉であると同時に、〈土木技術者興奮時代〉

*10　司馬遼太郎・高橋裕（対談）「土木と文明——歴史はわれわれに何を教えるのか——」土木学会誌、六〇巻一号、六七～七三頁、一九七五年一月。なお同対談は、司馬遼太郎対談集『土地と日本人』中央公論社、一九七六年に所載

とも命名している。この時代に培われた技術崇高主義は生産技術に敬意を表し、これをうまく駆使さえすれば、どんなことでもできると考えた。つまり、技術に引きずられるのではなく、こうすべきだという思想が日本にはない。土木黄金時代の揺れ戻しが現在の第四期で、それは私たちにとって初めての経験といえよう。

近代工業文明の明暗と土木界

冒頭に述べたように、現在私たち土木技術者は、土木黄金時代といわれた第三期に別れを告げ、環境や住民問題という新しい課題を含む第四期に入った。しかし、従来と異なる状況を、単に公共事業がやり難くなったという面でのみ捉えるのは皮相というべきであり、そのような認識からは、いわば「住民対策」的発想、および「隠れ蓑」的環境アセスメント手法が生まれてくるにすぎないであろう。新時代到来の歴史的状況認識なくして、次の飛躍に確信を持つことはできない。

まず私たちは転換期を迎えた現代が、近代工業文明への反省を強いられた状況から出発したことを認識しなければなるまい。明治以後、日本は先進国並みの工業水準をめざして猛進し、おおむねその目標を達成したものの、その発展への過信が敗戦という悲劇の一因になったといえる。明治政府の国是であった富国強兵は軍事大国を出現させ、戦後の復興は、所得倍増の掛声にも明らかなようにGNP増大という経済拡大が目標とされ、いわゆる経済大国を出現させた。土木事業は一貫して国是の達成に協力すべく、産業基盤の育成に尽力してきた。戦後の工業水準の伸びは著しく、国民生活を豊かにした反面、公害、環境破壊、資源浪費などの現象をも招来させたことになる。一方、対外的には日本の工業発展と工業生産の活発な輸出が、各国の怨嗟の的になっているのは周知のとおりである。つまり、いままで物質文明の発展に寄与し、私たちの周囲に豊かな物質をあふれさせてくれた市場経済は、新たに社会的費用を重視した福祉型経済への転移を求められている。その新経済システムにおける土木事業の方向を、いまこそ示さなければならない。

近代工業文明の招来は、近代科学技術の支えなくして考えられないのはいうまでもない。しかし、この近代科学技術そのものが巨大化し、かつては技術革新のラッシュのなかで科学技術発展によって何事も可能であるかのごとく思われた科学技術そのものが、ひとり歩きする傾向さえ現れてきた。いまでは逆に巨大化した科学技術が人間を翻弄しかねまじき勢いである。その一端は本文の冒頭で述べたように国土の変貌に現れているし、自然の生態系を乱す開発にも見ることができる。巨大技術から適正技術もしくは中間技術が求められるゆえんである。技術史の教えるところによれば、技術革新はたえまなく連続的に発生するのではない。ある周期とでも称すべき波があり、ある時期に集中的連鎖的に発生している。土木黄金時代の高度成長期は、ほとんどの技術分野で革新が同時多発的に花開いた。それらの連携もしくは総合が、土木ビッグプロジェクトを側面から支えたことは贅《ぜい》言を要すまい。石油革命、マンモスタンカー、製鉄工程の革新などを抜きにして、臨海工業地帯建設という土木ビックプロジェクトは成立しない。思えば、この時期は科学技術万能が謳歌され、近代科学技術こそ文明を切り拓くことを科学技術者の多くが確信していた。大学工学部へ学生が殺到した時代である。月世界を歩く宇宙飛行士の勇姿を放映する世界中のテレビの前に感嘆と満足感に満ちた眼また眼があった。

自然観の変容

しかし、一九七〇年代になって技術革新の波は後退し、科学技術が文明を推進するどころか、文明を破壊もしくは後退させるのではないかとの声が聞かれ、反科学論も発表されるようになった。土木技術はいまさら言うまでもなく、自然を相手とし自然と密接不可分な技術である。土木技術を支える思想は、その自然観に立脚している。その自然像の変容もしくは転回がいま起こりつつあることに、土木工学者は強い関心を示し、その立場の確認を急がなければならない。

一八世紀における近代科学思想の基礎をなす自然像の確立は、遺産としてキリスト教的自然像の打破という緊張を乗り越えて達成された。これによって、神が人間化された反面、自然が神格化されたといえる。この自然とは、ニュートン力学によってその現象が究明されるはずのものであり、均質で無限の広がりを持つ時空概念によって普遍化されるものであった。この自然像に支えられる技術によれば、自然界は技術によって無限に改変が可能であり、それが人間生活向上にそのまま結びつくはずのものであった。エネルギー開発も尽きることない可能性を持ち、その条件下に工業化もまた無限に進行するかのごとき感を呈していた。自然を人間と対比して置き、人間は自然をそして地球を制御し得るとの理念のもとに、科学は限りなく発展し、技術は限りない活動によって人間に幸福をもたらすことは自明の理でさえあった。「科学的」は学問の正当性の証となり、「科学的」でありさえすれば、学者仲間はもちろん社会一般においても無批判に認知され賞揚されることとなった。しかし、一九六〇年代後半に始まった先進工業化社会への反問は、この社会を生み育ててきた自然像に変革を迫るものとして認識されなければならない。

「自然」とは、人間と対比される存在として、ニュートン力学とダーウィン進化論に代表される科学観によって解明できるとの「地球と人間」観に改変が迫られている。例示的にいえば、地球は人間を乗せた宇宙船ではなく、低エントロピーを清算する熱機関としての生きものとして見ようとする立場である。言うまでもなく、一八世紀の産業革命以来、爆発的に延びてきた工業活動はエントロピーを飛躍的に増大させる働きをしてきた。しかし、一方において、つねに地表付近で循環している水は、気体となり固体ともなるプロセスを含め、その増大エントロピーを減少させている。この自然水循環と人間活動とを連絡させる〈土〉の役割、生きている〈表土〉の役割は、前述の水の役割とともに新たな観点から理解されるべきではなかろうか。この土と水と人間活動を超長期的視野で捉えるとき、従来の自然観はより包括的に発展し、工業化以後の社会における自然像の地位を占めることができるであろう。それは、従来の自然像の否定ではなく、それを一部に含む拡大的体系として位置づけられると思われる[*11]。

シリア沙漠での体験から

一九七八年夏、筆者は二カ月強、シリア沙漠のなかにいた。ダマスカスから約二〇〇キロ東方の小村に生活し、近代文明とは異質の生活のなかで、文明の進歩とはなにかを、太陽と月と星の世界で連日連夜考えていた。そこには、電気、水道、トイレはもとより、警察も郵便局もなかった。あるものはただ、燃えるように射すように照り続ける太陽と、痛いように輝く巨大な天の川を支える満点の星空であり、毎夜その位置を気にしてはつき

*11　玉野井芳郎『地域分権の思想』東洋経済新報社、一七四～一九二頁、一九七七年。ほか玉野井芳郎の多くの論説

合った月であった。茫漠たる褐色の世界は、三六〇度の大地平線に太陽が出入りする前後、一瞬一瞬色合いを変えて、太陽の登場と退場劇を演出する。この超シネマスコープの壮絶な光景を連日眺める醍醐味は、人間の生活の根源に触れるものではないだろうか。なまじ機械文明に浸った者がときたま異常体験するから、物珍しい興味を発するにすぎないのか。

　駱駝の糞を燃料としてかまどでパンを焼き、家畜のそれはゾウムシが巣作りの材料とし、人間のそれは犬が処理する。水はポンプ井戸か、つるべ井戸までバケツで取りにゆく。彼らは私たちの所持品に異常なほどの興味は示すが、特に電気や水道をどうしても欲しいとは思わない。動物たちと一緒に暮らし、自然とじかに接し、その自然とは一刻も切り離せない生活になっている。それを、民度が低いと簡単に片付けてはなるまい。その長い歴史のなかで、この民族は世界最初のアルファベットを発明し、多くの大実業家はもちろん、偉大な科学者、文学者を輩出させている。

　なにもシリア沙漠の原住民の生活に還れなどと無茶なことをいうのではない。ただ、彼らの生活のなかに人間の生活の原点があり、私たちが忘れかけていたもの、いやむしろ、私たちがそれを破棄することを文明であると思い込んでいる何かがあることを指摘したい。それは人間生活が自然のなかにはまり込んでいることであり、自然に抱き込まれることを前提とした生活態度である。効率を求めて私たちがより早い交通機関を整備し、夜も働き楽しめる都市をつくり、より大きなもの、より早いもの、より高いもの、より深いものが目標とされ、その目標に適うものは土木技術者にとって善であり、人々の生活を幸福にするはずであった。もちろん、新幹線、高速道路、高層ビル、ニュータウン、地下街などは、どれだけ私たちに便宜を与えたことか。しかし一方、私たちはいっそう忙しくな

写真3　シリア沙漠の日々

り、ある面では危険が増し、つまり、自然との隔離は目標ではなかったが、結果として進行し、人間生活の根源を顧みる精神的余裕さえ失ってしまいつつあるのではないか。

高度成長期において、私たちは土木事業の目標が、あたかも経済大国を成立させるためのもの、GNPを増加させるためのもの、換言すれば経済効率の観点からのみ判断するような陥穽に落ち込んでしまったかのようであった。それは、土木第三期においては表面的目標としては許容されたかもしれない。しかし、第四期においては、その表面的目標を捨て、土木事業本来の目標である自然との協調による文明の確立という原点に立ち戻らなければならない。第三期の興奮がもたらした環境問題は、土木技術者が謙虚に原点に還ることを訴えている。第四期において、土木技術者が栄光の場を占め得るか否かは、この意識転換ができるか否かにかかっているといっても過言ではない。第三期から第四期への交替の本質は、この価値観の復元にあるからである。

自然科学的方法の限界と自然と環境

環境問題が今日のようにかまびすしくなかった頃から、土木工学は環境工学であるとか、自然工学もしくは地球工学と改名すべきだとの提案があった。土木工学が地球表面に何らかの技術手段を加えて、私たちの生活に幸福を与えんとするものである以上、自然を、あるいは環境を、さらに場合によっては地球をそこに加える技術との応答においてどう捉えるかは、土木技術の基礎を形成する思想である。自然観の変容は、土木工学の方法論にとっても、地域計画などの目標設定においても重大関心事たらざるを得ない。

前述のような自然観の変容は、直面している環境問題への対応においても、新たな展開を見せるであろう。第三期までの自然観に基づいて、自然をエンジニアリングの立場から解釈しようとすれば、力学思想が根幹とならざるを得なかったし、要素論と数量化、法則の形式性が成り立つ現象に対して、その現象解釈とそれに則る解析に、多大の威力を発揮してきた。つまり、複雑な現象もいくつかの要素から構成されており、現象の背後の本質は要素の組み合わせによって理解される。その本質的なものは、質的にはすべて同一で、そこには量の差しかない。したがって、すべては量に還元され、現象を支配する法則性が、量と量の数学的関係として形式的に表現される[*12]。

工業化社会の産物のひとつとして発生した環境問題は、従来の力学主導型の自然科学の方式によっては、解釈し尽くせないさまざまな面を私たちに提示してきた。現代の科学が、現象を細分化し分解的に専門化することを進歩であると決めつけたところに、その行きづまりがある。自然科学における要素への分解と数量化は、社会科学へも影響し、行きすぎた要素化と数量化が、現実の環境問題への理解を曇らしている。いま、私たちが直面している環境問題は、新しい自然観、もしくは原点に立ち戻った自然観に立った科学的方法によって対処しなければならない。さらに、それに基づいた地域計画の目標は、経済指標の追求ではなく、人間本来の自然を畏怖するとともに、そのなかに抱擁されることを最高とする価値観に合致するものでなければなるまい。

*12 竹内啓・広重徹『転期にたつ科学――近代科学の成り立ちとゆくえ』中央公論社、一九七一年。ほか広重徹の多くの著書および論説

地域主義の台頭と土木事業

一九七〇年から一九七五年までの人口移動には、それまでの人口移動とは明らかな変化が見られた。第二次大戦後の日本の人口移動における大都市集中の凄まじさは、すでに周知のとおりであり、それの歴史的意義と土木事業との関連については、筆者もかつて本誌上[*13]で指摘した。すなわち、一九七〇年代に入ってから、大都市への人口集中にはさすがに鈍化の傾向が見え、各都道府県とも人口が増加してきたのである。それまで、いわゆる東海道メガロポリスの都府県を除いては、つまり全国のほとんどの県人口は、五年ごとの国勢調査のたびに減少していることを思えば、人口移動の大きな質的変化といわなければならない。もっとも、大都市の人口増は鈍化したが、大都市周辺の中小都市や地方の大中都市、多くの県庁所在地程度の都市の人口増加が目立ち、依然として都市時代は進行している。農山漁村の人口はなお減少もしくは横ばい傾向にあり、過疎問題の深刻さには変わりがない。

今後、この傾向が続くか否かは予想困難かもしれないが、筆者はこの傾向を地方分散への道として助長すべきものと思うし、もはや一九五〇年代から一九六〇年代の大都市への恐るべき人口大集中の時代は去ったと考えたい。つまり、大都市のかつての魅力は薄れつつあり、人口のJターン現象に見られるように、地方の魅力がようやく見直される芽生えを育てるべきであると考える。余暇の重視と拡大に伴って、お盆帰省の人口と期間が長期化しているのも、大都市を少しでも回避したいムードの具現化の一形態と考えてよいであろう。そのため、八月の東京の水は電気需要を軽減している効果にも注目したい。

思えば、高度成長時代は即大都市時代であった。大都市に若年労働者を中心に人口を集

*13 高橋裕「転期にたつ土木事業——歴史的考察に基づいて——」土木学会誌、五八巻一号、三〜九頁、一九七三年一月

め、強い中央集権のもとにいわゆる「日本株式会社」的効率を発揮した成果が高度成長であり、土木ビッグプロジェクトはまた、日本の国家的プロジェクトとして遺憾なく機能したといってよい。その過程で発生した環境、資源などの新たな難問は、中央集権的大都市時代における近代工業文明社会と、もちろん密接に結ばれていた。国家単位での価値判断が先行し、まずパイを大きくすることを目標にGNP向上礼賛ムードが多くの国民のコンセンサスを得ていたが、その後に生じた環境問題、公共事業の公共性と必要性を問う住民の抵抗は、それぞれの地域問題としての特性を持ち、どれひとつとして自治体抜きには解決できない問題となってきた。長洲一二神奈川県知事*14は、行きづまった現代文明社会の問題を解くひとつの「歴史的キーワード」は、〈地方の時代〉であると主張している。それは、単なる県の立場を越えて、〈地域〉あるいは〈地方〉を新しい目で見直す考えこそ、今日世界的な新しい潮流であるとの視点に立っている。玉野井芳郎教授*15や篠原一教授*16がそれぞれ地域主義、地域民主主義を世界史的像のなかに捉えているのも、本質的には同様な視座といえる。

シューマッハー教授の“Small is beautiful”論は、ルネ・デュボス教授が生態学的かつ文明評論的見地から、〈地域〉や〈地方〉の特性に即した発展こそが、今後の文明発展の鍵になると主張しているのと同じ歴史観、自然観、文明観に立つといってよいであろう*17。

*14 長洲一二「『地方の時代』を求めて」世界、一九七〇年一〇月号、四九〜六六頁、岩波書店

*15 玉野井芳郎『地域分権の思想』東洋経済新報社、一七四〜一九二頁、一九七七年。ほか玉野井芳郎の多くの論説

*16 篠原一「政治的発展の中の地域」世界、一九七八年一〇月号、三〇〜四七頁、岩波書店

*17 約三〇年前の“地方の時代”への期待は、決して十分には進行していない。しかし、地方分権への胎動は徐々に進みつつあるといえる。当時と比べれば、各知事などの行動は政府をも動かすようになっている。

地方と国家と世界と

現在では、各国の相互依存関係はきわめて密接不可分になりつつあり、地球は狭くなっ

てしまった。各国のエゴは簡単には解消しないとはいえ、少なくともかつてのような見え透いた国家エゴは通らないのみか、自ら墓穴を掘りかねない国際情勢になってきたし、従来の国境概念の固執では自らも人類も地球ももたなくなってきたことを、賢明な国家指導者は悟り始めている。たとえば、木村尚三郎教授[*18]は、やがて統一ヨーロッパ国家が誕生することを予言し、日本の将来への警告を発している。しかし、そのことは世界の文化や産業が画一化されることではなく、国家よりむしろ各地域における文化や生活や産業の多様性を認め合うことから出発する。もちろん「国民国家」がなお主要な現実的力であることに変わりはなくとも、「国家」の枠にのみこだわっていては、国際間の問題はもちろん、国家内の多様性に満ちた地域を覆う現代文明の問題は解けなくなってきたのである。換言すれば、これからの文明は、〈国家〉とともに、一方で従来の国家を越えた〈世界〉、他方では国家に縛られない〈地方〉の三つの視点から認識しなければならないと考えられる。〈国家〉はもはや万能ではなくなり、これですべてを解こうとする限り、ある場合には小さすぎ、ある場合には大きすぎることとなってしまった。たとえば、環境問題の多くは、国家単位の価値判断ではなく、〈地域〉で考慮すべきであり、そこでの対象は、国民ではなく地域住民なのだという認識がまず必要な視点だろう。加藤三郎氏が本誌の「公共事業と環境問題」[*19]において「国土開発のビジョン」に触れ、従来の全国計画の「集中抑制・地方振興」の建て前が「集中容認・地方軽視」の現実になってきたことを指摘し、それが住民にとって〈理解のできない、あるいはタイミングを失した公共事業の押しつけ〉となって住民の激しい反発となることを突いているのも、今後〈地域〉と〈地方〉を重視すべきことと、それを考慮した国土開発の方向を示唆したものと理解される。米の増産のための干拓事業がようやく完成した頃、減反政策をとらざるを得なくなった農政の失

＊18　木村尚三郎『ヨーロッパからの発想』講談社、二五四～二六八頁、一九七八年

＊19　加藤三郎「公共事業と環境問題」土木学会誌、六三巻九号、二～一七頁、一九七八年八月

敗を批判攻撃するからには、鋭い歴史感覚に基づく長期的展望を持った公共事業計画に、転換期に立ついまこそ、勇断を振るうべきである。

高度成長時代を大都市時代と考えるならば、環境問題をあまた抱える安定成長時代は地方の時代である。巨大技術から中間技術もしくは適正技術への時代である。国家がすべてであった時代から、地域性、地方文化を重視する時代へ向けて、高度成長時代に失いかけた多くの地方の文化や伝統を復活させなければならない。地方文化こそ、日本文化の根元であり、それの温存育成なくして日本文化の永続的発展を期し得ないことはいうまでもない。人口の地すべり的都市集中は、地方文化をも大都市に運び込み画一化規格化したように見える。それは大都会風にあしらわれ、均一化された形で地方へ逆輸入された。こうして、いまや全国的都市化のなかで日本中どこへいっても同じような衣食住に彩られ、価値観の多様化する社会に逆行して、味気ない浅薄な精神的風土が形成される情勢となった。

今後の土木事業は、国家単位のプロジェクトを促進する一方、地方における地域開発によって、地方文化の育成に寄与することが重要となってこよう。そのためには、従来の大都市時代の開発論理の超克を必要とする。すなわち、各地域ごとの多様な特性に即した、きめ細かな開発手法が要求され、それを具現化するためには、中央政府から地方自治体への大幅な権限委譲と、自治体では計画技術などの資質と実力の飛躍的向上が強く要請される。

日本では、長い歴史を通して強力にして高能率な中央集権によって集約的かつ高密度の国土開発を行ってきた。したがって、中央集権の力を地方自治へと分権するには多少の年月を要するであろう。しかし、各地域ごとに山積している難問を解くためにも、各地域特性を踏まえた生態秩序のためにも、地方自治の強化による〈地域主義〉への道は、いわゆる工業化以後の社会が積極的にたどるべき方向であろう。そのためには、なによりもまずそれぞれの地域が持つ自然環境特性と社会環境特性の理解を前提として、初めて地域開発計画とその事業が前進できる。そこでは、大都市中心の中央集権時代の画一化ではなく特化であり、機械的でなく地域特性を把握できる土木技術者が要望される。

それは単に見方や能力の問題ではなく、むしろ意識の問題といえるかもしれない。私たちは、土木プロジェクトを経済効果で見るのみならず、中央から見る目に慣らされており、〈地域〉の目で見ることに慣れてもおらず、それに価値を置くことすら忘れかけている。

第二期、第三期の土木価値観は中央からの目であったといえる。第二期において、さらに特に第三期において都市時代を出現させた背景がここにもある。第二次、第三次産業は優れた産業であり、それが営まれる場は都市である。日本は江戸時代までは、きめの細かい地域価値観が地方文化を密度高く蓄積させていた。幕府が中央集権に立てこもっていたとはいえ、各藩ごとの特色ある地域開発に地方政府は強い計画力を持っていたといえる。

筆者はここ数年、地域から、また地方自治体から土木事業を見ようと考え始めた。各地方で行われている土木事業を名もない町村の担当者の案内で、建設省などの政府機関の出先に赴くと、しばしば横柄にして不親切極まる態度に驚かされることがある。霞ヶ関の高官の紹介で訪ねるときの態様とのあまりの大きな差に悲哀と失望を感じる。これでは〈地域主義〉が芽生え、すでに三〇年の歴史だけはある地方自治法の精神が理解されるのは容易でないとふと思う。〈地方の時代〉は、むしろ土木行政担当者の意識革命によらなければならないかもしれない。各地域特有の環境問題をはじめ、住民生活に密着した土木事業は、全国画一の基準では律し切れない。中央政府と地方自治体のより対等な立場、漸進的には中央政府の出先機関の自主性が重んじられる組織と意識の変革、それに支えられる〈地域技術〉の向上によってこそ、地方の時代を切り開くことができよう。

急成長している海外建設工事

内に地方へ深い目を向けるとともに、外に世界へ遠くを見究める目が必要とされる。国際化は土木事業において著しい発展と複雑化を深めている。図1に最近約一〇年間の海外工事実績額の著しい伸びを示す。特に一九七二年から一九七五年にかけてその伸びが急激であったことが明らかであり、最近二、三年停滞気味とはいえ、いまや年間約四〇〇〇億から一九七八年度予定の六〇〇〇億円にも達する海外工事は、従来の単なる技術役務の海外への提供とする視点から、輸出産業としての役割に転化しつつあると見るべきである。日本の輸出攻勢が国際的に問題視されるようになった昨今、これからは、商品貿易一辺倒から徐々に技術貿易に移行しつつあり、かつそうすべきものと考えられる。建設業の海外活動は土木界にとってのみならず、日本の今後の貿易のあり方からも輸出産業の一環として強力に取り組むべきである。このような姿勢は、つとに戦前の海外土木興業株式会社において示唆されていた*20ことではあるが、戦後の海外工事の幾多の苦難の経験から、リスクの大きい点、輸出貢献度が小さかったことなどから、輸出振興の対象とはなり難いとの見方も少なくない。とはいえ、一九七三年からの海外工事の飛躍的増大は、建設業各社が厳しい国際競争に耐える力を養成した成果を示したものといってよい。もっとも、図1は、物価変動の修正や円レート変動を修正していないので、綿密に検討する場合にはこの

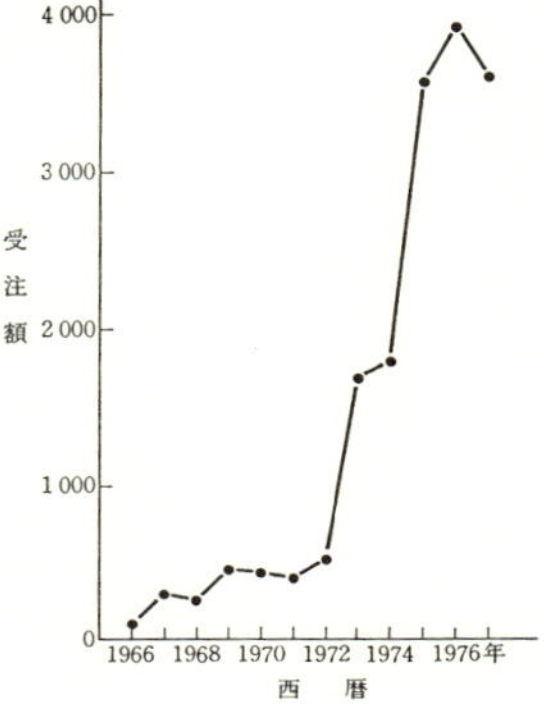

図1　海外建設工事受注実績の伸び
(出典：矢野史乃武「海外建設工事の現状と将来」土木学会誌、六三巻三号、一一〜一四頁、一九七八年三月)

*20　海外建設協力会『海外建設協力会20年のあゆみ』六頁、一九七六年

数値では不十分である。さらに、海外での仕事という性格上、相手国の物価などの条件も加味しなければ正確とはいえないが、ここではおおよその傾向を示すものとして理解されたい。

海外建設工事を輸出産業として位置づけ、欧米の建設業者やコンサルタントと対抗してゆくためには、国としても、建設コンサルタント業界としても、土木技術者としても新たな対応が迫られている。海外工事が相当伸びてきたとはいえ、依然として困難な環境に悩みは多い。しかし、海外工事は土木とそれをめぐる環境の総合力が問われるだけに、ここで力を発揮してこそ、日本土木の総合力が世界に通じ、真に国際的地位を得ることになろう。

日本の建設業の施工技術の優秀さは、すでに国際的にも評価されている。にもかかわらず、海外工事で苦い目に遭うことが多いのは、ひとつには技術力に伴う国際的マネジメントの弱さであろう。さらには、アメリカ合衆国の海外建設工事にしばしば見られるように、コンサルタントと建設業が実質上一体になって、計画・設計・施工を推進する総合力に、容易には対抗できないからである。加えて合衆国の場合は、ドルが優位を保っていた頃から、政府は対外援助政策に力を入れ、技術、経営、金融などを打って一丸として、海外建設工事の推進を図ってきた経緯がある。日本の場合、直ちに合衆国を模倣する状況にはないが、各建設業、各コンサルタントなどが協力し合えるシステムを形成し、いわば技術者集団としての力を発揮できるようにすることであり、政府が一定の方針のもとに実質的支援のできる体制を整えるべきであろう。

海外建設プロジェクトを進めるにあたっても、まず第一に、日本が必ずしも「経済大国」ではないことの自覚も必要である。日本経済がもてはやされたのは、ＧＮＰの成長率、つまりフローの強さであって、ストックは欧米先進国に遥かに劣ることを認識しておくのは無駄ではあるまい。また、GNPには公害対策費のような経費的支出が含まれる一方、環境破壊や過密過疎の弊害は計上されない。GNPの伸び率があまりに強調されて経済大国と呼ばれる要因となったが、その経済の底は必ずしも深くない。日本は貿易大国とはいえようが、野放しに経済大国といえない。一九四五年まで軍事大国と自負していたのも、軍事生産力の弱さを勘定に入れてなかった錯覚であり、それが敗戦に至る道へ導いた一因でもあったことを想起しよう。とすれば、海外建設工事に際しても、国家的規模での総合戦略を持ってこそ、欧米の海外建設計画に伍してゆくことができよう。

〈総合性〉の重視

海外工事の場合には限らないが、今後の土木技術者、特に指導者層に要求される資質は〈総合性〉を身につけることである[*21]。明治以降、欧米先進国では必要に応じ育成され、体系的であった技術を私たちは既製品としてのエレメントのみを輸入し、それを巧みに模倣し吸収し、あるいはそれを応用発展させてきた。その応用の部門では創造性もあったといえようが、それはいわば消極的創造である。後続集団について先進国に追いつくことが目標であった第三期においてはそれでよかったが、いまや先頭集団の仲間入りをしたわが国技術は、見習うべき目標がなくなったのであり、自分が追われる立場になった。作戦もペースも変えなければならない。一般に、日本の土木技術者は個々の専門技術についてはは深く確かな腕を持っているが、それらを組み立てる力が弱いといわれている。日本人技術

*21 竹内良夫・藤田圭一・吉田達男・山根孟「座談会・われわれにとって土木技術とは何なのであろうか」土木学会誌、六二巻一号、三五～四二頁（特に三六～三八頁）、一九七七年一月

者は、開発途上国から「ここにこういうものをつくってくれ」といわれると見事にしとげるが、「ここに何かつくってくれ」といった種類の要望には応えられないという。総合性の裏づけを欠いたため、模倣の技術を持ってしまった*21。エレメント消化能力は、縦割構造の日本の社会で能率よく育ったが、総合的なものの見方や判断力に欠け、自分の守備範囲しか知らず、周辺の知識についての関心も弱い。特に、総合的全体設計やプロジェクト作成に携わる技術者が〈総合性〉を会得することは、これからの技術者資質に最も要求されることであろう。

これは、海外工事の場合に特に欧米技術者との対比において目立つが、今後の国内の土木事業についても同様である。〈総合性〉に欠けるため、その事業計画が地域社会に違和感を与えることへの神経が鈍い。医学にたとえれば、外科は得意だが、内科、精神科に弱いということになろうか。

第三期の土木技術は、まさに外科医が腕をふるうに相応《ふさわ》しい時代であった。そして、多くの優れた外科医が育って現在も活躍している。しかし、第四期は外科医とともに内科医や精神科医が切実に必要となる時代である。外科的医術で精神病に対してはなるまい。第三期はいわば青年期であった。そこには旺盛なエネルギーがほとばしる華々しさがあった。第四期は壮年期もしくは中年期にたとえられようか。熟慮と判断と静かなる闘志が要請される時代である。一升酒よりはコクのある酒のわかる年代であり、開発の質が問われる時代である。土木事業にも環境的費用、社会的費用を満たすことによって開発の質が高まる時代である。その費用を余計なもの、面倒なもの、本来の土木事業とは離れたものと見るのは、第三期すなわち過去の技術者感覚である。その古い感覚からどれだけ早く抜け出し、新時代の感覚と能力を身につけるか否かに、これからの土木事業の発展の鍵がある。

新時代になって、土木事業の周辺環境に影響すると思われる基本的視点をいくつか述べてきた。このほかにエネルギー構造や、海洋をめぐる環境がどうなるかも重大関心事ではあるが、本文では主として、社会環境、価値観、科学方法論を取り上げて問題点を整理する。最後に、確実に予測されるものとして〈高齢化社会〉の到来があることに触れておきたい。図2に示すように、一九五五（昭和三〇）年の日本の年齢別人口構成は理想的なピラミッド型であった。しかし、一九七五年には、二五〜三〇歳の階層の人口が最大となる壺型になり、二〇一五（昭和九〇）年には六五〜六九歳の階層が膨らむ逆ピラミッド型になることが確実である。

確実に到来する高齢化社会は日本の社会全体の問題であるが、それが土木界をどう変えるかは、私たちにとっても重大な問題である。これについてここでは詳しく触れる余地はないが、少なくとも経済成長率が伸び難くなること、年功序列制の維持が難しくなることなど、土木企業にとってはいまから対策を考慮する必要があろう。この面からも、土木事業への要請が福祉型、中間技術型指向になることが予想され、社会コスト、環境コストを多く必要とする型へ向かう要因が秘められていることを指摘しておきたい。

価値観多様化にどう処すか

第一期から第二期への転換は、明治維新、開国という歴史的転機に伴って訪れた。この

図2　日本における年齢別人口構成の変遷

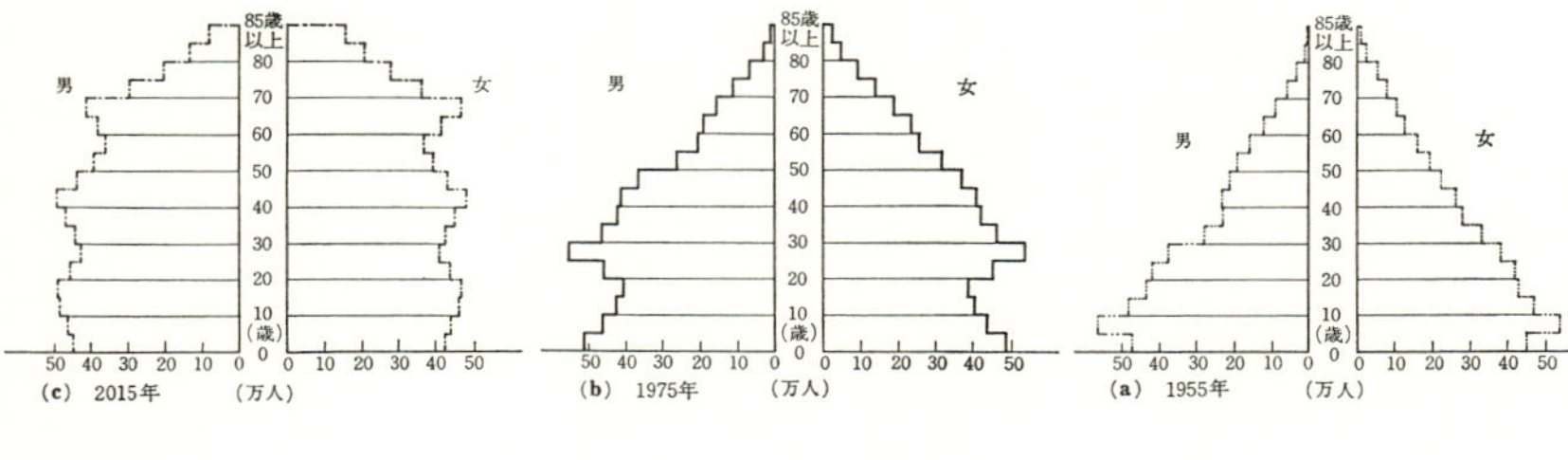

とき、廣井勇に象徴されるような明治の指導者は、透徹した使命感に燃えて日本の近代土木技術の確立に献身した。土木技術を錬磨し、土木事業を推進してこそ、日本近代化の基盤づくりは可能であるとの責任感と自負が、第二期の土木を盛り立てたのである。

第二期から第三期への転換は、敗戦という日本史上初の悲劇を契機に訪れた。敗戦を屈辱と受け取った気概から、荒廃国土の再建に使命感を漲《みなぎ》らせ、第二期に発展した土木技術の延長線上に、土木黄金時代を出現させた。第二期も第三期も土木技術者の目標と方法には暗黙のコンセンサスがあったと見られる。

第三期から第四期への時代の転換は、誰しも肌で感ずるであろうが、新時代を突破する方法には、まだコンセンサスは得られていない。価値の多様化といわれる現代においては、土木の目標も一様にはならず、しばらく混沌の時代を経験することになるかもしれない。かつての転換点においては、明治維新とか敗戦といった劇的事件による政治変革があった。その変換を機に価値観も不連続的に変革し、土木技術の質も量も画期的に変革させることによって新しい状況に対処できる社会基盤が整っていた。というよりは、社会基盤そのものが一変したために、技術もまた新しい装いをこらさざるを得ない状況であったというのが正確であろう。そして、なによりも強調しなければならないのは、新しい社会情勢のもとに輩出した指導者に明確な技術観があり、それに基づいた熱情と誠意によって土木界をリードしたことであり、それに従う技術者群との間に固い信頼感があったことである。

第三期から第四期への推移は、かつての転換期ほどの劇的事件によってではないだけに、前記の価値観はなお根強く残存しており、技術の方法も急変しているわけではない。かてて加えて、第四期の入口に立ったいま、価値観には多様化の傾向が強い。しかし、一定の明確な価値観で全国の土木界を画一化して対処すること自体、中央集権の力が強い社会での論理であり、地方の時代においては、各地方、各地域の自然的・社会経済的・歴史的特性に則った地域計画を行うべきであるとの価値観をこそ確立すべきであろう。

この価値観のゆらぎ、方法の変化を標語的に割りきって表現すれば、巨大技術から中間適正技術へ、換言すれば「大きいことはいいことだ」から"Small is beautiful"への変革であり、開発の量より質が求められる時代への突入といえる。

しかし、なによりも重要なことは、特に指導的立場に立つ技術者が、的確な時代認識を把握して、土木技術の新しい方向を確立することであり、昨日までの見果てぬ夢を追求するあまり、すでにあせかけている価値観を振りかざして勇み足をしないようにしたい。明治や第二次大戦後のように、目標も価値観も明確であった時代と異なり、多様な価値観のなかに掉さすには、固定した価値観を堅持して土木事業を強行すれば無用の混乱を巻き起こしかねない。土木事業の目標に地域特性を踏まえる限り、柔軟で寛容のある対応が迫られるからである。

国家プロジェクトから地域プロジェクトへの重点移行は、単にプロジェクト範囲の問題ではなく、地域主義の台頭を受け入れる民主主義の体質改善を内包する課題である。国家中心、もしくは大都市時代から地域尊重もしくは地方の時代といわれるゆえんである。地域ごとの特性への理解は、価値観多様化への対応にも通じる。異なる価値観への理解と寛容を踏まえたうえでの土木技術思想の展開こそ、これからの時代においては地域開発を始めとするあらゆる土木技術者の活動の場において強く要請される。それが地域住民とともに進める方向であり、それこそ元来民主主義の鉄則であったのであり、現在から未来へかけての新しい歴史的展開に処する道でもある。

4 河川学から見た常願寺川

［講演録］風土工学フォーラム講演、風土工学だより 第七号、二〇〇二年三月

常願寺川は大学生の頃から、治水に苦労した川として憧れ、川を訪れるたびに、新しい顔を見せてくれる。それは次々と新しい工法が加えられ、かつて加えた工法への反応を次々展開して見せるからである。そして水制周辺は頑として変わらない箇所と、砂礫堆が著しく変わった箇所もある。そしてつねに私を導いた大先輩の厳しい表情が、水制、堰、砂防ダムとともに私を迎えてくれる。

大先輩の面持ちと、彼らが携わった構造物、それらを厳しく包容して流れる常願寺川の流れの奏でる荒々しいリズム感が、私のこの川への想いを誘い出す。私にとって永遠の忘れ得ぬ川である。

橋本規明さんに教わったこと

今から五〇年ほど前の一九五〇年代に、たびたび常願寺川を訪ねる機会がありました。その頃に常願寺川の治水を担当しておられた橋本規明さんに、常願寺川の現場をご案内いただきました。橋本さんが考案された「ピストル水制」「お墓水制」という、物騒な名前ですが、特に、ピストル水制を見せていただきました。橋本さんご考案の「タワーエキスカベーター」で常願寺川の河床を掘削している様子を拝見し、解説いただいたことは、私の若い頃の河川体験として大変貴重でした。

特にタワーエキスカベーターの効果を現場を見ながら教えていただきました。元来、タワーエキスカベーターは、河床を掘るための機械ではないので、それを河床掘削に使うという発想が卓抜です。タワーエキスカベーターもびっくりしたでしょう。

昭和二〇年代後半の話ですから、大型土木機械はほとんどない時代です。日本に大型土木機械が入ってくるのは佐久間ダムの工事以後です。佐久間ダムの完成は昭和三一年で、約三年間で仕上げたわけです。佐久間ダムの工事を可能ならしめたのはあの大型土木機械です。残念ながら全部アメリカ製ですが、当時の電源開発総裁の高碕達之助さんが、後の民主党委員長になられた佐々木さんと相談して、佐久間ダム工事には大型土木機械を使わなければできないと考えたのです。

当時、日本は電力不足にあえいでおり、電源開発は国家の最も重要な方針のひとつでした。昭和二七年に、電源開発促進法が国会を通っています。そこで電源開発会社が設立されました。エネルギー不足は、当時の日本にとっては大変深刻な問題でした。私も大学生のときには、電力不足でしばしば停電で苦しんだものです。

常願寺川〔写真提供：国土交通省〕

その佐久間ダムをつくるために大型土木機械が入ったのは、橋本さんがタワーエキスカベーターを使うよりも少し後です。ですから、あのような土木機械を使うことは今は珍しいことではありませんが、終戦間もない頃に天井川の常願寺川に対峙したファイト、アイディア、その意欲に私は圧倒されました。ピストル水制でも何十年かに一回の大洪水の時にはひっくり返るだろうと橋本さんはおっしゃっていました。その後も、橋本さんとはその縁もあって教えていただいたことは、私の河川工学に大きな影響を与えました。

私は昭和二五（一九五〇）年に大学を卒業しましたが、卒業論文で、信濃川の大河津分水が川にどういう影響を与えたかというテーマを指導教官の「安藝皎一《あきこういち》」先生から与えていただきました。先生は、鬼怒川の鎌庭のショートカットを手掛け、それから富士川の所長をされました。ちょうど橋本さんが常願寺川で鉄筋コンクリートを十二分に駆使した約一五年前の昭和一〇年の富士川大洪水の後、富士川、釜無川、笛吹川に卓抜な鉄筋コンクリートの水制群を配置しました。安藝先生が私に与えた卒業論文のテーマの大河津分水は、日本の現代治水史においても輝かしい大工事です。新潟平野は、あの工事で長年の洪水から救われることになったのです。安藝先生から、大河津分水の効果ではなく、それをつくると川にどういう影響があるかを調べるテーマを与えられ、後から考えると非常に破格のテーマでした。

その頃の大学の河川の卒業論文というと、模型実験や理論、洪水流がどのように流れていくか、洪水に伴って土砂がどう動くかといった物理的なものが多かったのです。私が与えられたテーマは、もちろん物理と関係ありますが、今でいう「環境」です。大河津分水をつくったことによって、どのようなマイナスの影響が起こったかということは、昭和二〇年代に一般にはなかなか考えなかったテーマだと思います。それが私の河川観に大いに影響したと思っています。

常願寺川の運命を変えた「大鳶崩れ」

今年、その安藝皎一先生の生誕一〇〇年を迎えました。この一〇〇年は、日本の歴史も変転きわまりないものでした。日本の川にとっても、日本の長い二〇〇〇年の歴史のなかでこの一〇〇年間は大変変化に富んだものだったと思います。河川法が帝国議会を通ったのが一八九六年ですから、その後の日本の河川の変化は、それ以前の二〇〇〇年の変化よりも遥かに激しいものです。

橋本さんや安藝先生が常願寺川や富士川で鉄筋コンクリートを治水工法に全面的に使ったことは画期的です。私の卒論は昭和二四年ですので、その頃から川の勉強をしていて一番注目したのが常願寺川です。河川の勾配を各河川と比べても、常願寺川は飛び抜けて急流です。後でお話する静岡県の安倍川もなかなかの急流で、安倍川と常願寺川はいろいろ似たところがあります。俗に、「日本の川は急流河川」といわれており、外国の川と比べると確かに急流です。デ・レーケが明治二四年にここへ来た時に、「これは川ではない。滝だ」といったと伝えられています。これは誰も直接聞いた人はいないのでわかりません。デ・レーケを研究されている上林好之さんはつくり話ではないかといいますが、デ・レーケがいいそうな話です。デ・レーケは、オランダから来たお雇い外国人です。オランダの川は高潮対策が重要で、ライン川の洪水でも悩まされますが、平常の流れは大変緩やかです。

デ・レーケが日本に招かれたのは明治六年で、彼は二〇代後半です。以後、三〇年間日本で河川工事をし、河川を勉強したんです。日本の川の土砂が激しく流れること、そして急流であることに驚いたに違いない。常願寺川の大洪水でこの川を訪ねたのは明治二四年で、すでに二〇年近く日本の川を経験していますが、急流河川はデ・レーケにとってもおそらくこの常願寺川が初めてだったと思います。だから「川ではない。滝だ」といったとしても、もっともです。

日本の川の急流中の急流は、静岡県と富山県に集中しています。北アルプス、南アルプス、日本の屋根から日本で一番深い湾に突っ込むのですから、急流になるのは当然です。日本列島の周りで一番深い湾は駿河湾と富山湾です。富山県に流れ込むたくさんの急流河川のなかでも、常願寺川は特殊な川です。長さも流域面積もそんなに大きくない。常願寺川の流域面積は三六八平方キロメートルにすぎず、庄川（一一八〇平方キロメートル）、黒部川（六八〇平方キロメートル）より遥かに小さい。

安倍川も同じです。静岡県を流れている富士川、安倍川、大井川、天竜川は皆、急流河川です。富士川、安倍川、大井川、天竜川、新幹線が渡る地点の川幅は非常に広い。ところが、安倍川の流域面積（五六七平方キロメートル）は、富士川（三九九〇平方キロメートル）や天竜川（五〇九〇平方キロメートル）に比べたら、とても小さいのです。そんなに小さい川なのに川幅がほぼ同じなのはなぜか。私は大学で「安倍川はあんなに流域面積が小さいのに、なぜ川幅が大きいか考えろ」といいます。常願寺川も、流域面積は庄川や黒部川よりずっと小さいけれども、川幅は長い。なぜか。一言でいえば、安倍川と常願寺川は大量の土砂を流すから、それを受け止めるため、そして、流域面積当りの洪水流量も大きくて、これだけの川幅を必要とするのです。

さらに共通点としては、水源地帯で大崩壊を経験している。大鳶崩れが常願寺川の運命を変えたのです。安倍川も水源地での大谷崩れがその後の運命を決めました。上流の水源地の崩壊が川の運命を決定的に変えてしまったのが安倍川であり、常願寺川です。

常願寺川は、特に急流で土砂の流送の処理に難儀している川です。日本の川の典型的な川なので、常願寺川を見ずして川を語ることはできないと、私は学生時代に勝手に思い、昭和二〇年代の後半から三〇年代の初め、たびたびこちらへお邪魔して、改修区間では橋本大先輩にいろいろ教えていただきました。

常願寺川砂防

〝赤木砂防〟発祥の地、立山

内務省が常願寺川で本格的に砂防を始めたのは大正一五（一九二六）年です。後に砂防の功績で文化勲章を受けられた赤木正雄さんが立山砂防を始めたのがその年で、ここから立山砂防の困難にして、また貴重な歴史が始まります。

赤木さんは、水源地に泊まり込んで、明るくなると仕事を始めたそうです。冬は仕事ができないので山を下るわけですが、夏の間、日が上がるや否や工事を始め、山の天気は午後は不安定なので、昼飯が終わるとさっさと仕事をやめた。晩年になって砂防会館に通われた頃もその癖が抜けなかったようで、砂防会館には一番電車で出かけ、昼飯が終わると帰られたそうです。「通勤のラッシュアワーが大変だとみんなバカなことをいう。わざわざ混んでいる時に乗るから混むんだ。俺が乗る時はガラガラだ」 赤木さんらしい話です。「砂防の鬼」といわれた赤木さんですが、私は一度だけ砂防会館でお目にかかったことがあり、お手紙もいただきました。私は、赤木さんからすれば孫のようなものです。だいたい親は子どもには厳しくても孫にはやさしいもので、私には大変やさしい手紙をくださいましたが、直接の弟子には怖かったそうです。

その赤木砂防の発祥の地が立山砂防です。つまり、安政五（一八五八）年の安政地震の大崩壊によって常願寺川の運命は変わった。しかし、一〇〇〇年、二〇〇〇年調べれば、それ以前にも似たようなことがあったのではないでしょうか。ただ、現代史でみれば、安政五（一八五八）年が出発点でしょう。今年（二〇〇二年）で一四四年ですから、あと六年経つと一五〇年になります。私の期待ですが、安政五年から一五〇年を期して、国土交通省でもなにか企画されたらどうでしょうか。記念といえば、シンポジウムぐらいが関の山ですが、そんなイベントではなく、常願寺川の意義を発掘してはどうでしょう。

常願寺川は、日本の治山治水の難しさを結集したような川です。常願寺川を調べることは、単に常願寺川の歴史を調べるのではなく、日本の治山治水の特徴を調べることです。常願寺川を深く究めることは、日本の治山治水史を調べることであり、これからの日本の治山治水のあり方を探る重要な教材だと思います。

こういう難しい川だからこそ名治水家が出たのです。佐々成政、デ・レーケ、赤木正雄、橋本規明らです。赤木さんや橋本さんにとってはやりがいのある川だったのかもしれません。普通の川の治山治水の手法では到底できない。新しい技術を生み出さなければならない。新しいものの考えは、文献とか人から聞いたことではなくて、この常願寺川そのものを自分の目で見ることによってしか新しい技術を生み出すことができない。

赤木さんは、大正三（一九一四）年の第一次世界大戦が始まった年に東京大学を卒業されました。大きな決意で治山治水に挑もうとして大学に入ったのです。そして、豪雨の激しさは日本より弱いが砂防の先進地であるオーストリアへ行き、その砂防技術を懸命に勉強しました。帰国して、オーストリアの砂防技術を日本にどう適応させるか、まず常願寺川に挑んだのです。

赤木さんの自伝を読むと、赤木さんは農学部なので、同じ東京大学でも工学部の土木出身者の批判がしばしば出てきます。大正時代は、農学部と工学部では内務省に入った時の給料が違ったそうです。工学部の人間からみれば、法学部出身者はさらに優遇されていたそうです。

治山、治水の大家を輩出

赤木さんはオーストリアで死に物狂いで砂防技術を研究し、帰国後、砂防行政推進にあたっても、工学部の人間と対決しなければならなかったようです。その時に赤木さんはすぐオーストリアの例を挙げ、何かというと「オーストリア、オーストリア」というので、これは安藝皎一先生から聞いたのですが、ついに「ヘル　エステルライヒ」というあだ名をつけられたとのことです。

やりがいのある難しい川なればこそ、そこに情熱を注ぎ、後世に名を残すような治山治水の大家が生まれたのです。私が特に印象に残るのは、赤木正雄さんと橋本規明さんです。橋本さんの場合は、直接現場を案内していただきましたので、「水制の置き方や基礎を深くしなければこのピストル水制はダメだ」という技術的なこと、タワーエキスカベーターの話もさることながら、一番勉強になったのは橋本さんの気迫でした。つまり、いか

赤木正雄像

に知識を持っていても、大事なことは難しい現象にぶつかる気迫です。赤木さんには直接現場を案内していただいたことはありませんが、いろいろお話を承ると、気迫に満ちた方だったとお察しします。一芸に没頭する人は誰もがそうですが、赤木さんが工学部を出た河川家を大変批判したのと同じように、橋本さんは安藝皎一批判とか鷲尾《わしお》蟄龍《ちつりゅう》批判をされました。私が安藝先生の弟子だから、いっそうファイトを持ってお話しなさったのでしょう。遠慮なく批判し合って技術を磨く雰囲気こそ重要だと感じました。

〝川の神様〟といわれた鷲尾蟄龍さんは、大正八年に東大の土木工学科を出て、内務省で一生急流河川に挑んだ方です。鷲尾さんには常願寺川、富士川、最上川をつぶさに直接ご案内いただき教えていただきました。鷲尾さんは特に立山砂防、手取川周辺の急流河川を担当しておられました。富士川が内務省の直轄になったのは大正7年です。初代所長が日本で初めて河川工学の教科書を書かれた福田次吉さん、二代目が鷲尾蟄龍さん、三代目が安藝皎一さんですが、鷲尾さんは赤木砂防には大変批判的でした。「ただ土砂を貯めればいいと思っている。川全体を眺めない。砂防ダムをつくるとその下流が盛んに洗掘されるので、下流へ来る土砂量は単純に減るものではない。それを赤木はわかっていたのか」と鷲尾さんはよくおっしゃいました。

安藝先生は鷲尾先生とは考えが少し違うのですが、赤木さんとは富士川の砂防では対立しています。富士川の支流に御勅使《みだい》川があります。その御勅使川の砂防を赤木さんが指導なさったのですが、その頃の改修区間の所長が鷲尾さんであり、安藝さんであって、赤木さんとはだいぶ意見が違ったようです。

それぞれ一家をなさる方は、自分の信念に基づいた考え方があり、人の真似をしない。逆にいうと、川の工学、川の治水というものには普遍的な一定の方法がないのです。つまり、常願寺川には常願寺川、黒部川には黒部川の方法がある。もちろん黒部川にもピストル水制が入って常願寺川と似てはいますが、現場の所長となって具体的にどこへどういう水制を置くとなると、川によって違います。さらには、竹林征三さんのように風土、社会科学、人文科学まで加えて川を見ろという意見もあります。これも正論だと思いますが、完全に理解するのは容易ではありません。川にはそれぞれ個性があります。「急流河川には急流河川としての似たところはあるが、具体的な治水戦略とか工法になると川によって違う。それは、その川の個性を本気で眺め、勉強しなければわからない」ということだと思います。

俗に「川は生きている」といいますが、たぶん常願寺川でも、平安時代の常願寺川、佐々成政の頃の常願寺川、明治のデ・レーケが挑んだ頃の常願寺川、大正末期から昭和にかけて赤木正雄が挑んだ常願寺川、そして第二次大戦直後に橋本さんが気迫を込めてぶつかった常願寺川はみんな違うはずです。もちろん同じ川ですから共通性はありますが、川の様相や土砂の流れ方は非常に違う。たとえば、安政五年の前と後では大違いでしょう。安政五年以後、今日までずっと同じではありません。その間、赤木さんが苦労した砂防がだんだん成果を発揮してきた後の常願寺川はまた違います。治山治水は、その川特有のものを生み出さなければいけないと同時に、その時代におけるその川の個性に合ったものでなければならない。

したがって、赤木、安藝、鷲尾、橋本の諸先輩が、具体的な工法について意見が違うのも当然だと思います。赤木さんが立山に入った時は、まだ砂防ダムがないのですから、今見る川とは全く違っていたでしょう。橋本さんが第二次大戦後ここへ来た時は、デ・レーケの時代とは違うし、今日とはまた違うと思います。つまり、川にはそれぞれの川の個性とともに歴史があり、その川のその時代における個性をしっかりつかむことによって、新しい河川工法が生まれるのです。

佐々堤を掘り起こす

安政五年の大鳶崩れは、日本の崩壊の歴史の上でも非常に重大な大崩壊でした。安倍川の大谷崩れも江戸時代ですが、やはり大崩壊でした。その後、それぞれの川は、治山治水によって一応治まって見えますが、崩壊そのものをわれわれは止めることはできません。地震学、地震工学は進歩しましたが、地震を止めることは永久にできない。火山学が進歩しましたが、噴火そのものを止めることは、三〇世紀になっても、人類が滅亡する頃にもできないでしょう。

大鳶崩れや大谷崩れのような大崩壊そのものを止めることは、人間にはできない。東海地震が、二一世紀のうちに起こるに違いない。大鳶崩れや大谷崩れも、いつの日か再び起こります。そういうことを何月何日に起こると予言する人がときどきいますが、困ったものです。かつて、気象庁に勤めていた人が富士山が何月何日に噴火するといったので、テレビが面白がって何回も出演させていましたが、「何回もあのような人がテレビに出るということは、それを信ずる人が何人もいるのか」と思うと残念です。日本人の科学常識の低さを示しています。

あるいは、浅間山も一七八三（天明三）年の大噴火から二〇〇年以上経ちましたが、あの浅間山の大噴火によって利根川はすっかり変わってしまったのです。利根川の河床があの噴火後にいっせいに上がり、それ以後、利根川の洪水が増えています。もちろん河床が上がったといっても、いっぺんには上がりません。何十年かかけてじわじわと上がったのです。だから、次の浅間山噴火は来年か一〇〇年後か、それはわからない。浅間山が噴火したらどうなるか。東海地震や関東大地震は皆さんだいたいわかっていますが、浅間山の噴火や常願寺川の大鳶崩れはあまり人の話題にならない。しかし、その時にどういう運命が富山市、あるいは静岡市を襲うか。あるいは、浅間山が噴火したら、これからつくる予定の八ツ場《やんば》ダムは、そんなつもりでつくっているのではないのですが、噴火後の砂防ダムとして有効に働くかもしれません。火砕流の規模によって異なりますが、異常現象ではないのです。人間の命がたった八〇年ぐらいだから滅多に来ないように思いますが、地球の歴史から見れば何百年というのは、アッという間です。大震災に比べて、巨大土石流の警告にはマスメディアもあまり関心がないようです。マスメディアが関心を持たないと日本中が関心を持たないという困ったことになっており、マスメディアがダムを非難すると、日本中の人がダムはいかんと思うような妙な現象があります。

六年後に安政大地震から一五〇年を迎えますが、その時に、ただ著名人を集めてシンポジウムをやるのではなくて、常願寺川を本気で調べる意義は大きいと思います。

昨日、常願寺川を久しぶりに見せていただき、大河ドラマで有名になった佐々堤も見せていただきました。ところが、佐々堤は堤防の天端のところしか見えないんです。あれはたぶん霞堤の一部でしょう。最近は霞堤が話題を呼んでいますが、昔は急流河川では霞堤が当たり前だったのです。それを無理に閉じるから困ったものです。閉じる理由は、土地利用の問題と自動車交通が不便だというのです。常願寺川では霞堤がまだ残っているところもあるのですが、閉じたところもあるので、車にとって不便なら、同じ高さにせず、霞堤の空いているところは車に下がってもらってもいいのではないでしょうか。治水は万全を期したから霞堤は必要ないと思っていたら、間違いです。

佐々堤が頭しか見えないということは、昔は堤防の頭だったところが川底になっているのですから、佐々成政以来今日まで、それだけ川も周辺も上がったのです。発掘して堤防の構造がどうなっていたかを調べれば、当時の技術のみならず、治水の考え方を察することができるでしょう。安政五年大洪水で流れてきた巨岩が昔はたくさんあったが、だいたい片付けたそうです。いくつかをよくぞ残してくださいましたが、ものによっては上部しか見えていないので、どれか適当なものを選んで、底まで掘って、石全体の大きさを見れば、どのくらいの力で流れてきたかを力学的にある程度計算できるはずです。

つまり、安政五年大洪水と佐々堤を再現して、当時の川はどうであったか、そして、なぜ川があんなに上がったか、安政五年から一五〇年の歴史と、その間にいかにわれわれの先輩たちが治山治水で苦労してきたかを、抽象的にではなく、実際に調べたらどうでしょう。

冒頭に申したように、日本の治山治水史と水害の歴史がこの常願寺川に深く秘められているのです。今までもずいぶん調べていますが、まだまだ調べることはあります。常願寺川を調べることが、日本のこれからの治山治水のあり方を調べる上で重要な指針を与えてくれるに違いないと思います。優れた代々の所長さんが非常に苦労をしてきた経過を探って、常願寺川を掘り下げることは、単に常願寺川を勉強するだけでなくて、日本の治山治水史を深めることになります。

今、日本の治山治水が大きな曲がり角に立っています。今までと同じような治山治水ではいけなくなってきました。これからどうあるべきか模索中です。それが常願寺川の歴史

安政五年の大洪水で流れてきた巨岩

を調べることによって、これからのあり方への指針を与えることを、念願してやみません。

5　これからの建設技術者
――公共事業と社会――

［講演録］福島県建設技術協会建設技術講習会 講演、二〇〇五年一一月

この講演は二〇〇五年秋、二〇世紀末からの公共事業への攻撃はいよいよ激しかった頃である。欧米と日本での土木界のリーダーに対する庶民の評価の相異、明治から昭和初期にかけての先輩土木技術者の人生観と迫力を紹介した。時代が異なるとはいえ、かつて日本の近代化を推進した先人の意欲は、現在のやや沈滞した土木界に活力を与えることになると期待を込めたのである。そして、これからの土木に望ましい資質に関する所見を付け加えた。

これからの建設技術者について、欧米の近代土木技術に何を学んだかということを含め、以下の内容に分けて述べてみたい。

・BBC視聴者投票の意味するもの
・明治の土木技術者の人生観と責任感
・土木技術者の資質
・公共事業の公共性、社会性、文化性
・今後への提案

日本は明治以来、近代土木技術を輸入し、それをテコにして日本のインフラを発展させてきた。日本が近代化に成功したのは、明治になって、特に西ヨーロッパの新しい科学技術を巧みに吸収して、日本人の努力も加わって今日を築いた。しかし一方で、そのために日本人が元来持っていた優れた技術、特に二〇〇〇年来の歴史がある土木や建築の技術やその心を忘れてしまった面があるということにも触れたいと思う。

BBC視聴者投票の意味するもの

二〇〇二年、BBC（British Broadcasting Corporation／英国放送協会）が視聴者に行った、「イギリスの歴史で最も偉大なイギリス人は誰であったか」というアンケートでは、一〇〇万人以上の応募があった。アンケートの結果は表1のとおりである。イギリスの歴史に詳しくない人でも、このうちの七名くらいは知っているであろう。

イギリス黄金時代のエリザベス女王。清教徒革命のクロムウェル。このベストテンで断然票が多かったのはチャーチルであった。二〇〇二年のアンケートで、一般視聴者からの投票なので、イギリスの歴史といっても昔の人物は少なく、ダイアナ妃が三位に、七位に

表1　BBC視聴者投票による〝歴史上最も偉大な英国人〟（2002.11.24 発表）

1. Churchill, Sir Winston（1874～1965）
2. Brunel, Isambard Kingdom（1806～1859）
3. Spencer, Lady Dianna（1961～1997）
4. Darwin, Charles Robert（1809～1882）
5. Shakespeare, William（1564～1616）
6. Newton, Sir Isaac（1642～1727）
7. Lennon, John（1940～1980）
8. Elizabeth I（1533～1603）
9. Nelson, Horatio, Viscount（1758～1805）
10. Cromwell, Oliver（1599～1659）

はジョン・レノンが入っている。その他、よく知られているダーウィン、シェイクスピア、ニュートン、そしてネルソン。多くの日本人はこれら九人は知っているだろうが、第二位のブルンネルを知らないのではないだろうか。彼こそイギリスの偉大な土木技術者である[*1]。

この結果について、私はイギリスの友人に、「日本人はこの一〇人中九人はおそらく知っているが、ブルンネルは知らないだろう」と言うと、不思議そうな顔をした。そのイギリスの友人がむしろ不思議がったのは、なぜスティーブンソンが入らなかったのかということだった。たぶん、ベスト20ならスティーブンソンも、そしてジェイムス・ワット、テルフォードらが選ばれているだろう。いずれも土木技術者である。

スティーブンソンは、日本では機械技術者と思っている人が多いが、イギリスの土木学会九代目の会長である。ジェイムス・ワットも、その名は知っていても偉大なる土木技術者であるということはあまり知られていない。イギリスの友人は、インテリの間ではスティーブンソンが一番有名であるといっていた。

イギリス人がこれほど尊敬しているブルンネルという土木技術者は、テームズ川に初めて川底のトンネルを掘った技術者である。時代としては、江戸時代の終わり頃にあたり、吊橋、橋梁の技術者でもあり、クリフトンの吊橋をつくっている。また、当時の土木技術者は、構造力学に長けていなければならず、イギリスにおいても今のように専門分化されていなかったので、土木技術者は造船技術者でもあった。そこで、当時、世界最大の船であったグレート・イースタン号も設計している。トンネル、橋、埠頭、港湾など、すべてを扱っていたのである。

イギリスは日本と同じように周りが海の国のため、海軍にも力を入れていた。この点は

*1 「ブルネルの生涯と時代」アンガス・ブキャナン著　大川時夫訳、LLP技術史出版会、星雲社、二〇〇六年。
なお、ブルネルの銅像がロンドン市パディントン駅に建っている。

日本とよく似た面があるが、技術者でも港湾技術者、あるいは埠頭、防波堤の技術者は、大変評価されていた時代であった。土木の各分野にわたる偉大な土木技術者は、これはイギリスに限らず、欧米ではインフラをつくった人は政治家と並び称され、尊敬されている。ブルンネルもイギリスのインフラの基礎を築いた偉大なる人物であった。

ジェイムス・ワットやテルフォード、スティーブンソンも土木技術者である。スティーブンソンのことは、おそらく日本では「世界最初に鉄道を走らせた人物」としてしか教えられていないのではなかろうか。ジェイムス・ワットにしても、「蒸気機関を発明した人」としか知らされていない。テルフォードにいたっては、日本の土木技術者でさえ知らない人が多いのではないだろうか。テルフォードは、イギリス土木学会の創設者である。そして、初代土木学会会長となった。日本人でテルフォードの名を聞いたことがあるとしたら、琵琶湖疏水をつくった田辺朔郎が明治二七年に「テルフォード賞」を日本人で初受賞したが、その賞の名前として知っているくらいであろう。

イギリスの土木学会は、世界で最も優秀な土木技術者に「テルフォード賞」を授けており、イギリス人が田辺朔郎を評価したのは、疏水が京都を復活させたということであろう。もし琵琶湖疏水がなければ、京都はその繁栄の基礎を奪われていたはずである。当時、都が東京へ移り、京都は寂れていた。その京都を蘇らせようと、当時の京都府知事北垣国道が、琵琶湖疏水によって、琵琶湖の水を京都へ引き入れることで京都を蘇らせたのである。その計画・設計にあたったのが田辺朔郎である。

多くの人が琵琶湖疏水に触れるのは、南禅寺においてであろう。南禅寺に入ると、右側に水路閣がある。これも琵琶湖疏水の一部で、琵琶湖の水がトンネルを通って蹴上に来て、日本最初の水力発電を起こし、そして、同じく日本最初のインクラインで船を持ち上げて、水路は南禅寺の中を通る。南禅寺に行く機会のある方は、ぜひその水路閣を見てほしい。

南禅寺の水路橋を水路閣といいますが、その水路閣を通ってから、いわゆる哲学の道を銀閣寺へ向かう。哲学の道は、京都でも大変有名な名所であるが、なんと京都のガイドブックには、これが琵琶湖の水であることが書かれていない。日本のガイドブックでは、インフラについてあまり触れていないのである。「哲学の道」をガイドブックに載せるのなら、その水は琵琶湖から引いた水であり、田辺朔郎という世界的にも偉大な土木技術者が設計したことが当然記されてしかるべきである。そういう面で、日本のガイドブックにはインフラ整備への感謝の気持ちがないといえよう。

ヨーロッパやアメリカを旅行するなら、日本人が書いたガイドブックではなく、現地のしかるべきガイドブックをお勧めする。パリのシャンゼリゼ通りは、なぜあのように広いのかが詳らかになる。それはナポレオン三世のときのことで、直接の動機は革命を防ぐためであることがわかる。それまでパリは、フランス革命のほかにも、しばしば市民革命が起きていた。道路を占拠してバリケードを築いて行われていたので、それに懲りた都市計画者のオスマンが、これだけ広ければ砦を築きようがないだろうと設計した。まだクルマ社会になる前の話である。よくぞこれだけ広い道路をつくったものだ。彼はナポレオン三世の知恵袋であり、その治世の都市計画を担当したオスマンを記念して命名されたのが、オスマン・ブールバールである。

イギリスでもブルンネルの銅像は、生誕地やパディントン（ロンドン）の地下鉄駅など数カ所にある。フランスでも、ドイツでも、イタリアでも、その街のインフラをつくった貢献者の銅像や、通りの名称になっているところが至るところにある。

もし、日本でもＮＨＫか全国新聞社が「歴史上で最も偉大な日本人は誰であるか」というアンケート投票を行ったとしたら、残念ながら土木技術者はひとりも選ばれないと思う。たとえば、明治天皇、徳川家康であり、もし科学者が選ばれるとしたら、ノーベル賞受賞者になるであろう。土木技術者や建築技術者がノーベル賞を受賞することは、平和賞の可能性を除き、ありえない。余談であるが、チャーチルの回顧録は文学としても大変優れているということで、チャーチルはノーベル文学賞を受賞している。

では、なぜ日本ではインフラをつくった人が選ばれないのだろうか。それは、日本の一般人は土木技術者の名も業績も知らないからである。知らなければ投票しようがない。イギリスやフランス、ドイツ、イタリアなどではそういうことはないと思われる。自分の国のインフラをつくった人、そういう人への感謝を込めて、学校教育でも社会教育でも熱心に教えられているのが当たり前だからである。それゆえ、銅像が立てられたり、通りの名称になるのである。

日本の学校教育では、技術者についてほとんど教えない。高校でも土木と建築の区別も知らない先生がいるようで、橋のエンジニアになりたくて建築学科を選んだという学生がいた。橋のように格好の良いものを、まさか土木屋がつくるわけがないという先入観を持っていたのかもしれない＊2。

＊2　技術者の一般での知名度については、教育よりは、さらに他の社会的要因があるかもしれない。個人の評伝などに対する関心度が現在の日本では低いように思うが、より詳しく調べる必要があろう。

明治の土木技術者の人生観と責任感

二〇〇〇年に「日本の近代土木を築いた人々」、二〇〇五年に「民衆のために生きた土木技術者たち」という映画*3を監修した。監修というのは、全体の構成を考えたり、セリフをチェックしたり、どういう画面が必要かということを助言したりする。監督は田部純正で、文化映画界で多くの受賞歴がある偉大な監督である。それぞれ約一時間の映画で、内容は、最初のものが井上勝、古市公威、沖野忠雄、田辺朔郎、廣井勇の伝記。二本目は青山士、宮本武之輔、八田與一の伝記である。

「日本の近代土木を築いた人々」で登場する五人は、いずれも江戸時代末期に生まれ、古市公威は昭和九年までご存命だったので、昭和にかけて活躍し、日本の土木近代化に貢献した技術者である。「民衆のために生きた土木技術者たち」で登場する三人は、いずれも明治生まれである。

●田辺朔郎

田辺朔郎は琵琶湖疏水の設計者である。彼は、東京大学工学部の前身である工部大学校の卒業論文で、琵琶湖疏水の計画を立てた。そのことを伝え聞いた北垣京都府知事が、わざわざ京都から東京までやってきて、一学生を激励したのだった。そして「君、その卒業論文ができたら、京都府へ勤めて、いま卒業論文でやっている仕事を自らやってくれ」と頼んだ。ときは明治一三年、まだ東海道線はない。馬でやってきたのだろう。京都からわざわざ一学生を訪ねたわけで、田辺も感動し、卒業後すぐに京都府へ勤め、約束通り自ら琵琶湖疏水を仕上げたのである。それが京都府を復活させ、そして「テルフォード賞」を授与され、世界的な大技術者となった。

田辺朔郎

*3　共に、企画—大成建設、製作—日映企画、監修—高橋裕、監督—田部純正、原案—緒方英樹、プロデューサー—中島康勝

●古市公威

古市公威は、もし日本がイギリスのようにインフラを正当に評価する教育が行われていたら、先の「歴史上最も偉大な日本人ベストテン」に選ばれてしかるべき人物だと思われる。私が投票するとしたら、偏見といわれるかもしれないが、古市と廣井勇に入れる。

古市は、フランスに五年間留学した。日本の第一回ヨーロッパ留学生である。パリで下宿し、エコール・サントラルという技術の最高峰である大学に入学する。その前の一年は、フランス語の勉強でリセ（高等学校）にいて、その後エコール・サントラルに入り三年間在学し、さらにその後、ソルボンヌの理学部へ行き天文学と数学を勉強する。その当時の彼をよく表す逸話がある。彼はあるとき下宿で高熱を出したが、それでも大学へ行こうとした。下宿のマダムが「高熱を出したときくらい休んだらどうか」と勧めると、古市は「私が一日欠席すれば日本の近代化は一日遅れる」と言ったと伝えられている。まだ日本という国が、世界でさほど認知されていない時代のことである。

エコール・サントラルに彼が入学したとき、一〇〇〇人以上の志願者がおり、彼は入学試験の成績が三番であったという。そのことがパリの新聞に載った。フランス人以外で一〇番以内でこの難関を突破した初めての外国人であったからで、それが日本という国からやって来た。といっても。当時のフランス人の大部分は日本という国を知らない。明治維新があったということも、普通のフランス人は知らなかったであろう。なかには識者ぶる人間もいたそうで、「ああ、知っとる。あれは中国の植民地の一部である」といったとか……。

ヨーロッパへの初めての留学生。したがって、先の古市の発言もなにも大げさなことではなかった。当時は、テレビもラジオも、飛行機もない時代。もちろん航空便もないの

古市公威

で、外国の本を手に入れるのも容易ではなかった。彼だけが新しい知識の吸収源なのである。こういう言葉が出るほど大変な自覚があり、そういう気概でフランスへ行ったのである。いまどきは、特に戦後はアメリカへ何万という人間が留学するので、ひとりくらいサボったところで、留学された方には失礼だが、日本の将来になんの影響もない。

この話を、あるとき司馬遼太郎さんに話すと、「さすがは明治のエリートの若者らしいな」といっておられた。司馬さんは『「明治」という国家』という書もあるし、明治の日本を評価して多く書いている。この話も『この国のかたち』の中で紹介しておられる。伝説かもしれないが、少なくともそういうようなことは言ったのだろうと想像はつく。

一九一五（大正三）年、古市は土木学会の初代会長となった。初代会長としての講演の一節に、有名な「余は極端なる専門分業に反対する、指揮者を指揮する人を要する場合、土木において最も多しとなす」がある。土木は、技術のいろいろな分野を吸収して、それを総合するのだという観点であり、総合学こそが土木であるということでこの言葉が入っている。

明治・大正期は、特にお役所間において、古市公威は神様のように扱われた。内務技監も初代就任である。当時、古市公威は特にお役人の社会では大変な尊敬の的であったから、三島由紀夫の父親は、古市公威のような立派な役人になってほしいと、三島由紀夫の名を「三島公威」と名づけたほどである。三島は大学を出て一年間大蔵省に勤めたが、役人には向かなかったのだろう。父親の意思とは異なり作家への道をたどることとなった。

古市は、東京大学の初代工学部長でもあり、近代工学教育の基礎をつくり、内務省では初代技監として、新しい法律、たとえば河川法や砂防法などのような法律を次々につくった土木技術者であった。

●廣井勇

廣井勇も立派な土木技術者であった。彼は札幌農学校で、内村鑑三、新渡戸稲造、そして宮部金吾と同級生であり、敬虔なクリスチャンで一生を通した人であった。彼の若い頃の仕事といえば、小樽の防波堤建設である。日本で初めて外海に面した防波堤をつくったのが廣井勇の小樽築港であった。その後、東京大学がスカウトして、明治三三年から大正八年まで、東京大学土木工学科の主任教授として多くの優秀な人材を育てた*4。

彼の言葉のなかに、「もし工学が唯に人生を繁雑にするのみならば何の意味もない。是によって数日を要する所を数時間に短縮し、人をして静かに人生を思惟せしめ、反省せしめるのでなければ、われらの工学は全く意味を見出すことはできない」とある。なるべく速く目的地へ行くために大変な努力をしたが、それが人生を繁雑にするだけだったら、その工学、技術には何の意味もない。ただみんなが忙しくなるだけだ。いままで半日かかったところが三時間になり、それによってできた時間で、人生をどう過ごすかこそが工学の意味であって、ただ忙しくなるだけだったら、意味はないといっているのである。

それによって恩恵を受ける人たちの人生を有意義にしているかが大事であり、人はよく何メートルのタワーをつくったとか、時速何キロの交通機関の建設とか、そういうことを自慢するが、そういうことだけでは意義はない。その余った時間をどうするか。それによって人々はどういう幸福を得たか。ただただ遊ぶ時間が増えた。そんな技術は無意味というのが廣井の趣旨なのである。

廣井勇の告別式に、同級生で、無教会派のキリスト教を切り拓いた内村鑑三が、「廣井君は立派な仕事をした。しかし、その仕事よりも廣井君の人生が素晴らしかった。廣井君がいて、明治、大正の日本は清きエンジニアを持ちました。日本の工学界に廣井君ありと

*4　本書の「3 いま、土木技術を考える」五八頁を参照。

廣井勇（教授）

聞いて、私どもはその将来に大いなる希望をいだきます」と述べた。

廣井勇は小樽築港のときに初めて鉄筋コンクリートを使った防波堤をつくった。冬の嵐のときは、心配で工事中の防波堤へ出向き、大丈夫かどうか見守ったそうである。そして、初めて鉄筋コンクリートを使うので、その耐久力を調べるため、一〇年のち、二〇年のちと、廣井は一〇〇年先までのテストピースをつくった。小樽港ではいまもなお、供試体を破壊して一〇〇年強度を調べている。廣井は一〇〇年先を見ていた。将来にわたって安全ということに、いかに心をくだいていたかを物語る。

廣井勇の弟子のひとりである青山士は、若き日にパナマ運河工事に参加するなど、師の薫陶を得て悔いなき人生を送った。青山士については、次章「6 民衆のために生きた土木技術者」（一五一〜一五五頁）に解説されている。

●宮本武之輔

宮本武之輔は文学を愛し、若い頃は作家になろうとしていた。ところが、親兄弟、そして彼の学費を用意してくれた人たちから猛反対され、作家をあきらめた。一高時代の彼の同級生には、芥川龍之介、久米正雄、菊池寛がいた。芥川は残念ながら昭和二年に自殺するが、久米正雄、菊池寛とは一生のつき合いとなった。

宮本は、幅の広い人物であった。これほど広い視野を持つ人物も珍しかったが、実はそういう人こそ、いまの土木技術者に求められている資質である。

彼には中学時代からの日記がある。惜しくも、四九歳という若さで亡くなるが、翻訳された世界文学全集は読破しており、哲学の本も読んでいた。日記にはその読後感も記されている。たとえば、「今日は『ドン・キホーテ』を読んだ。これは自分の人生にどういう

宮本武之輔　青山とともに大河津分水工事の現場所長として活躍。一九三六年以降、芝浦工業大学の前身の東京高等工学校の土木工学科主任。一九四一年一二月、企画院次長当時、惜しまれて急逝〔写真提供：土木学会〕

関係があるのか」を日記に書いている。

交友関係は技術者に限らず、文学者、政治家、芸術家などいろいろな人と語り合える「言葉」を持っていたのである。大河津分水工事の現場にいるときには、一般庶民とも盛んに話をし、労務者と一緒に歌う「信濃川改修の歌」を作詞している。若い頃は、演劇や小説も書き、たくさんの論説も残っている。もちろん、学術論文も多数書いており、岩波全書で鉄筋コンクリートや鋼矢板工法など、昭和初期頃は日本の鉄筋コンクリート分野ではおそらく一番の技術者であった。幅広い視野と広範囲にわたる教養を持ち、文学者や政治家とよく話し、対等に話し合える素養を持つ一方で、貧乏人、若人など社会的弱者と呼ばれる人たちとも、なんの垣根もなく積極的に話し合える「言葉」も持っていた。

関東大震災直後、宮本はヨーロッパへ視察旅行に行った。普通の人の視察旅行といえば、土木工事現場の見学、現地の土木系役人やゼネコン幹部との面談、あるいは研究所見学のみであるが、宮本は違った。イギリスに行くと、フェビアン協会（バーナード・ショーたちがつくった社会主義協会）を訪ねて、一日費やしてヒアリングしている。要するに彼は、土木技術者として労務者と付き合う。また土木事業は、つねにその場所の住民のためにあるわけだから、住民と話し合わなければならない。労務者の待遇やその周辺の恵まれない人たちと、どういう会話をすべきかを勉強するための訪問であった。

いまの海外視察というのも、主に観光という人さえいるが、そこまででなくとも、最新土木工事を見学する程度で帰ってくる人が多いのではないだろうか。宮本は、現場の技術者がそこの住民にどういうふうに自分の土木事業の意義を知らせているのか、ということまで気を配ったのである。

これぞ古市がいうところの「将に将たる人」であろう。いろいろな人と語り合えることこそ土木技術者の必須条件である。だから、大河津分水工事でも、労務者と分け隔てなく一緒に必死になって仕事をする。廣井勇は小樽の築港のとき、朝早く現場に行き自らコンクリートをこねた。ただ指示するだけではない「廣井の精神」が、弟子の青山や宮本に伝わったのである。

宮本も大学時代、青山と同様に廣井の教え子だった。青山は、俗にいえば失礼ながら堅物だったのかもしれない。たぶん部下の就職の世話などはしなかったのではなかろうか。つねに頭の中にあるのは、「人類のため」であり、話し辛い相手であったかもしれない。一方、宮本は大変気さくな人間であった。料亭へ行くと午前様になる。日記には、その料亭や待合へ行ったときの芸妓の名前まで必ず書いてあった。しかし、宮本が人と違うところは、午前様で遊んで帰っても、帰宅後に必ず原書を読んでいたという伝説がある。

宮本の言葉に「信念は自覚から生まれ、自覚は思索から養われる。思索のない人生は一種の牢獄である」とある。高校時代には、東京大学の法学部へ行くか、土木へ行くか彼は大変悩む。日本の国家を動かす人になりたい。それには法科か土木工学科かと迷ったうえで土木を選んだ。それが、土木技術者になってからの心構えと意気込みになって現れるのである。

我々の先輩に尊敬すべき直木倫太郎（一八七六〜一九四三）（俳号：燕洋）がいる。彼は都市計画・港湾分野で活躍している。彼の言葉に「人あっての技術、人格あっての事業、歴史の無い世界は常に貧弱である」とある。また、彼の俳句に「人の跡　踏みたくはなし　雪の朝」がある。句の意味は「人の真似をするな、自ら道を切り拓け」という意味であり、最初の言葉は、「土木や建築は、技術のなかで最も歴史のあるものだ。その歴史的経緯を重んじろ」ということである。人類が集団生活を始めたときから、土木と建築はある。道をつくり、水を遠くから持って来なければならない。住まいも建てなければならない。あらゆる技術のうちで土木と建築は最も歴史が長いのである。直木倫太郎は、大変清らかな人生を送り、土木技術者とはどうあるべきかを考え続けた人物であった。

静岡市の登呂遺跡には、安倍川の治水対策工事の跡がある。弥生時代から河川事業があったのである。土木と建築は縄文時代から重要な技術であり、現在でも私たちの身の回りのインフラをつくる重要な技術であることに変わりはない。おそらく今後、三〇世紀、四〇世紀になっても、名称は変わっても土木建築事業はあると思われる。

土木という名称が、昨今、大学からだんだんと消されているのは残念である。土木というと、3Kで人気がない。土木工学科という名称では入学希望者が集まらない。マスコミも含む社会教育において、土木の内容を正確には教えていないように思われる。土木と建築がどう違うかさえ、大学受験の学科を定める段階や進学指導で教えないようである。

日本の高校までの教育は、大学の主として文学部と理学部の基礎教育に偏っていると思われる。中央教育審議会委員にエンジニアはほとんど入っておらず、文化系で占められている。技術者や工学者も教育を審議する場により多く参加できるようになってほしい。

土木技術者の資質

土木の将来をどう考えたらよいのだろうか。これからの社会は、学際化、国際化、省際化がいっそう強化されていく。学問の世界では、このごろ学際化が盛んで、土木の学生も環境や合意形成のあり方などを勉強し、生態学や倫理学も学ばなければならなくなった。

いま、東京大学もついに土木工学科という名称をやめ、社会基盤学科になった。国際化が非常に進み、大学院の講義は英語だけですべての単位がとれるようになっている。必ずしも東大に限った話ではないが、これからの大学教授は、英語で講義ができないようでは教授になる資格はない。残念ながら、国際語はエスペラント語ではなく英語になってしまった。日本人としては残念ではあるが、日本語で学術論文を発表しても、世界各国では読まれない。

東南アジア諸国や途上国の学生が、アメリカやヨーロッパへ留学する。でも、実は日本へ行きたいという学生は相当数いるのである。障壁となるのが日本語で、日本語は難しく、しかも習得したとしても後に世界で役に立つわけではない。東南アジアの大部分の国は、英語をネイティブのように扱う。インド系はもちろん、フィリピンや他の国でも、英語を日常的に使っている。したがって、英語で教育できないと、途上国の優秀な人材は日本へは来ないのである。

国際化というのは言葉だけの問題ではなく、本来国際的感覚を鍛えることである。これは大学に限らず、お役所であっても、民間であっても同じことで、今後、国際化にどう対応し、技術を錬磨していくかが課題である。

学問の分野でいえば学際化である。文科と理科の垣根を取っ払えという議論が最近では盛んである。高校教育が大学の入学試験の影響でおかしなことになっている。私は、理工系の学生とつき合うのだが、入学試験にない科目の知識の貧弱さは恐るべきものである。そんな国は先進国のなかにはない。

国際化といえば、英語で会話ができればそれでいいというわけではない。英語は単なる手段であり、重要なのは「国際的感覚」である。自分の国のマニュアルとイギリスのそれとはどう違うのか。あるいは、タイや中国とはどう違うのか。また、なぜ違うのか。そういう感覚を磨くのが国際化である。

そして、省際化。お役人は愛省精神が強く、他の省と争っても巧みに勝つのが優れた官僚であると勘違いしている人がいる。宮本武之輔を見習えといいたい。宮本は内務省を出た後、企画院の副総裁になった。そこにはいろいろな省の役人が集まっているが、そこでも対等に話せる「言葉」を持っていた。宮本武之輔の一番の功績は、技術者の社会的地位の向上運動である。

大河津分水完成後、本省へ戻ってきて、その後彼の仕事で重要なことは、技術者の地位向上のための組織づくりだった。その延長線上に、国土交通省だけエンジニアが法科系とおおむね交互に事務次官になれるが、その基礎を築いたともいえよう。彼は技術者を正当に大切にする社会こそが健全な社会であると、声を大にして力説した。

マスメディアでは、特にバブルがはじけた後のここ一〇年くらい、公共事業への風当りが強い。高速道路もダムももはや必要ない。環境破壊はけしからん。確かにそういう面はあるが、後世のためのインフラをどう考えているのだろうか。大部分の新聞記者は文科系の出身だ。もちろん理系もいて、私の土木の教え子で一流新聞社の記者になった人がいるが、それは稀である。過半は、文学部、法学部、経済学部の出身である。文科系でも、技術についての見識を持っている記者もいるが、理系の人より知識の範囲と考え方が異なるように思われる。

二〇〇二年にノーベル賞を受賞した小柴さんによれば、ニュートリノの話を新聞記者に話すと、「なるほど、すごい」といってくれるが、その後で、「これは何の役に立つんですか？」という質問が出るので、がっかりするということだった。欧米のメディア記者会見でそういう質問をしたら、バカにされる。日本でそういう質問が気楽にできるのは、日本の記者の科学技術に関する理解が低いからではなかろうか。

国土保全を考えるときは国土交通省だけではなく、農水省や経済産業省と協力しなければならない。私は、たまたま自然環境共生技術協会の会長をしているが、これは環境省が創設した協会で、国土交通省や農水省が積極的には協力してくれないことがある。霞が関ではわかってもらえるが、現場レベルになると、まず自分の省益を考えるのである。日本に限ったことではないが、たくさん予算を取ってくる官僚が優れているという意識がある。

総合的視野で眺めなければならなくなった社会では、省際化はいよいよ大切である。橋本総理の時代に（一九九六～一九九八）は、行政改革を断行して評価された。確かに大臣と局長クラスの数は減ったが、役人の総数はほとんど減っていない。全体数が二～三割減ると思いきや減ってはいない。それでは行政改革とはいわないのではないか。それぞれのお役所が愛省意識が旺盛だからであり、その意識が日本の行政の足を引っ張っている面が大きい。

古市公威が初代土木学会会長の講演で言った「土木は総合化こそが大事だ、総合的識見こそ真の土木技術者だ」という精神を、現代にも生かしたいものである。

公共事業の公共性、社会性、文化性

自分のエリアの土木社会さえよければいいわけではない。日本全体そして地球の未来を考えなければならない。二一世紀は国境崩壊時代といわれ、国境という意味がだんだんなくなっていく時代である。情報化社会ではすでにそうなっており、国境を飛び越えて電波が飛び交い、国際化、地球化されている。二一世紀も終わり頃には、国境という概念が薄らいでいくであろう。土木ナショナリズムが、土木技術者や土木界の足を引っ張っていることを自覚したい。

土木事業は一人ではできない。集団で実施する必要がある。したがって団結が大事である。それが嵩じて、土木の社会を最優先に考えればいいという偏見を生んできた。社会のなかの建設業である。土木建築のための建設業であってはならない。したがって、土木ナショナリズムの殻に閉じこもらず、どう決別していくかを考えたい。

もちろん、いままでのしきたりもあろうから、どういうステップでそういう方向へ向かっていくかにまず取り組む。それこそが土木事業のPRになる。「こんなに立派な橋をつくった」、「こんなトンネルをつくった」、「こんな偉大なダムをつくった」。これらは高度成長期までのPR文句である。これからは違う。青山は自分の仕事は人類のためにやっているのだという自覚。宮本は、これはその地域の住民のためにやっているのだと意識し、それに誇りを持っていた。

地球の未来に土木技術は何ができるか。いまの地球環境は非常に憂慮すべき状況にある。地球環境は、温暖化のみならず、いろいろな危機を迎えている。そのなかで土木技術が地球環境にどう貢献できるかを考えたい。

いま、すでに各国がそれについての対策を考えている。ただ二酸化炭素を減らせばいいというのは地球環境のなかのほんのひとつの問題である。京都議定書という合意をつくっても、それに参加しようとしない国もある。一番エネルギーを出している国々が熱心でない。土木技術も単に二酸化炭素を減らすということではなく、いま危なくなっている地球環境を救うのに、土木技術は、どういう役に立つことができるかという観点で考える必要がある。

日本の場合、アジアモンスーン地帯に位置する。アジアモンスーン地帯は、モンスーンを共有した運命共同体でもある。アジアモンスーン地帯で最初に近代化に成功した日本は、アジアモンスーンにてこれから日本の後を追おうとしている国々に、いままでのノウハウを伝える国際的義務がある。途上国が日本に追随するなか、ハード面だけを追うのではなく、日本が公害をどう克服してきたか、あるいは、いまどういう姿勢で環境や住民問題に対しているかこそ、途上国に伝える義務がある。

建築もそうだが、特に土木事業は自然現象の理解が基本である。私はたまたま川を勉強しているが、川は自然の一部なのである。河川工学に限らず、どんな土木事業でも自然が相手であり、土木技術は川や土、地質など自然と何百年の歴史を通して付き合ってきたのである。洪水にどう対処するか、人間が生み出した地盤沈下をどうするか。その基本は、自然の一部である川や土、地質など、まず自分が扱うべき自然を、いかに深く理解できるかである。自然を克服するのではなく、どういう共生の道を選ぶのか。

ダムをつくるとき、いろいろな土工その他でも土の性質を調べることは第一番目の重要事項だが、そういう本来の自然の特性と、私たち人間が自然に何かしらの技術を加えた場合に、どう自然が応答するかを、土木技術者は心得るべきである。安全な橋をつくるのは当たり前のことで、それに加えて青山や宮本の精神を引用するなら、単に大きいものや立派なものをつくっただけではなく、それが地元住民にどういう幸福をもたらしたかという観点で見るべきであり、さらには、自分たちが自然に対して加えた技術行動に対して自然がどういう応答を見せるかを予測しなければならない。自然は私たちが考える以上に複雑である。私たちがよかれと思い自然に手を加えると、本来の目的は達しても、意外なところでマイナスの復讐をするのである。

明治以来、日本は鉄道に次いで治水事業に大変な投資を行い、努力してきた。日本は山国であるから、一番大切な開発の対象になるのは、沖積平野とデルタであった。それは河川の中流部、下流部に位置する。何万年の単位で洪水が運んできた土でできたのが沖積地である。日本の川がときどき洪水に遭うのは宿命である。しかし、そこにしか開発するところはない。したがって、明治以降の日本の治水事業は、その沖積平野やデルタを洪水からいかに守るかに大変な努力をし、川の下流部から中流部にかけて立派な堤防を築いてきたのである。

しかし、皮肉な言い方をすれば、明治以後、現在までの日本の開発は、最も水害に遭いやすい区域を選んで開発してきたので、治水事業に力は入れたが、自然への対応に一〇〇点満点ということは決してあり得ない。自然はそんなに生やさしいものではない。治水事業を丁寧にやった川ほど洪水流量が増えた。豪雨のときに遊んでいた水をいっぺんに河道へ集めたのだから、洪水の出足は速くなるし、そのうえ洪水流量が増えるのである。自然はなにも復讐したいと思ってやっているのではない。自然とはそういうものである。自然と人間の技術活動との関係は決して生やさしいものではない。技術の成果とともに、その技術による自然と社会への影響を重視することが、これからは重要になってくる。

地球が危なくなってきたということで、地球学を構築しようとする案があるが、その地球学のなかに土木工学は、非常に重要な役割を果たすはずである。そのためには、自然、社会、人文科学の総合化が必要である。これは宮本武之輔の主張でもある。土木は技術、さらに芸術であり、文化でもある。インフラをつくることは、単に速く目的地へ到達する、早く多くのエネルギーを生み出すというのではなく、それらを通して文化を向上させるのが土木技術の究極の目標であり、あるいは建築技術、いわゆる建設業の目標である。

淀川の毛馬の閘門に沖野忠雄の銅像がある。近くの堤防には蕪村の句碑が立っている。蕪村はその辺りで生まれた。淀川には江戸時代からすでに立派な堤防ができていた。蕪村は幼いとき、長い堤防の上を歩いて家に帰っていた。年をとってからも淀川の堤防が子ども時代の思い出と重なり合っていたのであろう。それが蕪村の俳句「春風や　堤長うして家遠し」を生むことになった。幼い頃の思い出から生まれた名句である。堤防というのは、ただ洪水を防ぎさえすれば良いのではなく、郷土文化なのである。堤防は文化として成り立つことを、蕪村はこの俳句で訴えている。土木技術者たる者が、堤防は洪水を防ぐためだけのものと思っているならば、それが文化につながらない。周辺の人たちに楽しんでいただけるような堤防をつくらねばならない。それが土木を文化と結びつける道である。

今後の土木技術者にどういう資質を期待するのか。自然に対する畏敬の念、敬う心。土木技術者たる者はそれに根ざした自然観を持つべきである。哲学とは生活のあり方を示すのであるから、仕事をする段階で自然観を築くことはできるはずだ。その基本理念は、自然を熟知し畏敬することである。どのような自然観を持つかが重要なのである。

また、歴史の重要性は先ほどの直木倫太郎をはじめ多くの先輩がことごとに主張している。青山の言う「後世のためにつくるのが土木技術である」ことを考えると、一〇〇年前、二〇〇年前につくった土木事業が、いま私たちの目の前にある、それらは、いつどういう思いでつくられたのか。大河津分水の例を見ると、その記念碑の前に立てば、青山が

表2　土木技術者に期待される資質

自然を畏敬する——自然観
歴史を重んずる——歴史観
大衆との協力——PRの本質
郷土—国家—世界┐
地域—民族—人類┘—地球
技術者の自覚、誇り

「萬象ニ天意ヲ覚ル者ハ幸ナリ」という気概を込めていたことがわかる。

ようやく最近、いくつかの大学で土木の歴史を教えているが、まだ十分ではない。私の学生時代は数学と力学ができなければ卒業できなかったが、逆に言えば、それさえできればよかった。現状はかなり変わってはいるようであるが、決して十分ではないようである。私は若い頃、大学で工学部拡張時代に土木工学科にも土木史の講座が必要であると提案したことがあったが、先輩教授に、「君、歴史は文学部だよ」とからかわれたことを思い出す。明治の初めから東京大学の建築学科には建築史の講座があったが、建築と同様、土木にも歴史は必要である。大学で土木史を教えているところはあまりないが、たとえば、この堤防はどういう目的で、いつできたか、その後どれくらいの洪水に遭っているか、今日に至るその土地の歴史を含め、それらを知ることが歴史観につながるのである。

司馬遼太郎の言葉に、「江戸時代以来、現在の首都圏、特に江戸東京にはいろいろな開発が行われており、土木事業者の血と汗が一滴も浸み込まれていない東京の土地はひとかけらもない」という一節がある。宮本武之輔が強調したことは、大衆との協力がある。かつて古き良き時代は、公共工事をやれば自動的に国民が支えてくれた時代があった。今はそうではなくなり、いかに住民の方々にわかる言葉で、いかに理解してもらうかは、土木事業において、設計法を学ぶのと同じように、大変重要なことになった。したがって、今後の土木技術者には、自然観、歴史観、ＰＲの本質の理解が必要である。ＰＲとは宣伝ではない。自分の仕事の意義をまず自らが悟らなければならない。そうでない限りわかってもらうことなどできまい。そのうえで、大衆に理解できる言葉を持つことである。

自分の郷土は、誰もが懐かしく思うであろう。その気持ちを郷土だけで終わらせず、日本という国家、そして世界へと広げる。視点を人間中心に変えると、地域住民から、民族、人類、地球市民のためにとなる。こういう感覚を持ってこそ、技術者の自覚、誇りとなり得る。今回、例を挙げた青山士や宮本武之輔、古市公威のような人物の生きざまがよき鏡となるであろう。

今後への提案

最後に土木哲学について考えたい。哲学とは、公共事業の目標——ただ長い橋をつくればいいのではなく、それは手段であり、もっと先にある目標や倫理、特性を把握することを思索する。そして、公益のため、社会のため、そして時代思潮の認識、これは時代によって違うが、具体的にどうすれば社会のためになるかを通して、最終的には人類のために、地球人のために考えることに在る。

そこで、広い意味での教育への提言をしたい。日本の義務教育に欠けている技術の意義を、教育委員会のみならず、身近なところではＰＴＡの方々に認識していただき、義務教育のカリキュラムにおいて技術と技術者、公共事業と技術の関係を加えていただきたい。イギリス、フランス、ドイツ、アメリカと比べ、それが日本の教育において大変欠けていると思われるからである。

専門教育に関しても、従来、設計や計画のあり方を教えていたが、土木の歴史、また、自然共生の意義、土木事業が自然や社会に与える影響を学ぶことが大事である。

社会教育では、土木の仕事、建築の仕事が一般市民の日常生活とどういう関係があるのかを説明する。これは、建築のほうが、住まいということもあり、ずっと有利である。と

表3　広義の教育への提言

教育
　義務教育——技術と技術者、公共事業と技術の関係を加える
　専門教育——構造物・施設に土木史、自然共生の意義、自然と土木技術の関係などを加える
　社会教育——一般市民の日常生活との関係に重点。各地域、郷土のインフラ整備（とその歴史？）。地元出身の土木技術者についての調査とその広報

はいえ、土木は土木なりに生活と関係があることに重点を置き、解説する。

郷土のインフラを整備した人、どこの地域でもインフラ整備に大変努力してきた技術者や政治家がいる。江戸時代以降、日本はインフラ整備に大変努力してきた歴史がある。どの地域に、どの時代、どんなインフラが整備されてきたか。単なる構造物もしくは施設に限らず、そこに携わった人たちが、どういう志で、あるいはどんな苦労をして、どう地元住民や労務者と苦楽を共にしてきたかを知ることは、いまを生きるものの義務である。

本日の内容に関する文献を紹介しておくので、参考にして頂ければ幸いである。

【参考文献】

・『古市公威とその時代』土木学会九十周年記念出版　二〇〇四年
・国土政策機構『国土を創った土木技術者たち』鹿島出版会、二〇〇〇年
・高崎哲郎『技師・青山士・その精神の軌跡』鹿島出版会、二〇〇八年
・高崎哲郎『工人・宮本武之輔の生涯』ダイヤモンド社、一九九八年
・高崎哲郎『山に向かって目を挙ぐ 廣井勇の生涯』鹿島出版会、二〇〇三年
・田村喜子『京都インクライン物語』山海堂、一九九〇年
・古川勝三『台湾を愛した日本人』創風社出版、二〇〇九年
・竹内良夫監修『土木を語る』都市計画通信社、一九九九年
・竹内良夫監修『土木を語るⅡ』都市計画通信社、二〇〇四年
・成岡昌夫『土木資料百科 新体系土木工学別巻』技報堂出版、一九九〇年
・八十島義之助編『日本土木史 新体系土木工学別巻』技報堂出版、一九九四年

6　民衆のために生きた土木技術者たち

［講演録］東北建設協会創立40周年 記念講演、二〇〇六年四月

この映画と前作「日本の近代土木を築いた人々」は、ともに大成建設株式会社広報部企画、日映企画制作、監督田部純正、撮影藤崎彰であった。本作を携えて、北は旭川から南は那覇まで、さらに八田與一は台湾でも知名度が高いので台北（中国語版）を含めて。全国約六〇カ所で六五分の上映の前後に私が解説講演を約一時間（時間の制約のため約三〇分の場合もある）、二〇〇五年秋から二〇〇七年にかけて実施した。この講演録は、その一連のシリーズの一環で東北建設協会主催の場合である。両映画とも、一九九〇年代以来、公共事業への批判、大学・高専での土木工学科の不人気などに対し、明治以来の土木技術者リーダーの人生観を通しての偉業を、特に若い人々、土木以外の人々を含めて一般庶民に、土木とその技術者への理解を深めることを目指していた。この映画上映の全国行脚の記録は土木学会誌二〇〇七年九月号に「映画『民衆のために生きた土木技術者たち』

を携えて全国を回る」と題して掲載されている。

参会者の反応は、国連大学での研修生に英語版で上映した場合は、しばしば率直な歓声、笑声が発せられた。台北以外はすべて日本人相手であったが、静かに冷静に視聴していたのと比べ、国民性の違いもしくは、その場の雰囲気が異なるからであろう。いずれの講演後も、ご丁重な謝辞を感謝を込めて頂いたのは、全国を回った甲斐があったと感じた。私としては大学生を含め次世代を担う方に多数来場を期待したが、いずれも週日の午後はカリキュラムがいっぱいでほとんど来て頂けなかった。きわめて稀に、カリキュラムの一環として単位付きの場合のみ、多数の大学生が来場した。親しい友人の教授が、カリキュラム時間と無関係に午後六時以後に交通便利な会場を設定して下さったが、これは成功せず、大学生以外が大部分であった。大学生は夜は忙しいから無理でしょう。との苦言も頂いた。

はじめに

「民衆のために生きた土木技術者たち」という映画に監修という形で協力した。この映画は、前作「日本の近代土木を築いた人々」と同じく田部純正氏が監督したもので、前作はキネマ旬報社文化映画部門の首位になり、経団連会長賞や文部大臣賞など数々の賞を受賞した名作である。前作は、井上勝、古市公威、沖野忠雄、田辺朔郎、廣井勇という江戸末期に生まれ、明治、大正、昭和の初期にかけて日本の近代化のために、土木の分野から活躍した五人を描いたものである。二作目の「民衆のために生きた土木技術者たち」は、前の映画よりもうひと世代若い明治に入ってから生まれた、より私たちに近い時代の土木技術者、青山士、宮本武之輔、八田與一の三人を描いている。

青山がそのなかでは一番の先輩で、一八七八年生まれ。映画では西南戦争の翌年というナレーションになっているが、明治一一年である。その明治一一年の「十一」をとって、青山士の「士」という字になった。士を「あきら」と読める人はおらず、「なんと読むんだ? 青山サムライと読むのか?」とか、「青山ツチか?」などといわれる。亡くなったのは、東京オリンピックの前年、一九六三年だった。また、この三人のなかで青山は一番長生きで八四歳まで生きられた[*1]。

八田與一は、映画でも描かれたとおり、昭和一七年五月八日、非業の死をとげた。宮本武之輔が亡くなったのは、昭和一六年一二月二四日で、アメリカ、イギリスとの戦争が始まって三週間後のクリスマスだった。享年四九歳。八田與一は五六歳で亡くなったが、宮本は四〇代だった。戦後にも生きておられれば、日本の国土復興、そしてなによりも技術者の地位向上のためにさぞかし働いたことと思われる。昭和一六年、肺炎にかかりほんの一〇日間ほど病床にあったのち、急に亡くなられてしまった。今なら助かるはずだが、当時はペニシリンもなく、しかるべき薬もなかった時代であったために、実に惜しい人を若くして失くしてしまった。

*1　一三八〜一四二頁参照

宮本武之輔——技術者の覚醒とその地位向上に奮闘

宮本は四九年間、普通の人の一〇倍ぐらいの仕事をしたのだと私は思う。映画では、生まれたときや幼少期の学校のことなどが出てくるが、彼の一生で一番重要な仕事は、大河津分水の後、内務省の本省に帰ってからだと思われる。彼は内務省だけで収まらない人であった。スケールが大きく、企画院の次長時代に亡くなられたが、そのころの技術者運動が一番の功績である。技術者の地位向上のために、あれほど働いた人は日本ではいないと思う*2。

彼は関東大震災の後に、一年以上欧米を視察旅行する。そこで、単にコンクリートの技術だけではなく、欧米における技術者、特に土木技術者が社会からどう扱われているかを感じとったと思われる。そして、日本の技術者の地位は、どうしてこんなに低いのか、なぜ東大の法学部出ばかりが出世するのかに強い不満と疑問を抱いたのである。

彼は、大学へ行くときに、東大の法学部へ行くか土木へ行くか大変迷った。このような迷い方自体、多くの人とは一味違った。文科系と理科系ではまるで違うと思うが、彼は要するに、日本の国家を動かす人になりたかった。それには東大の法学部へ行くか土木へ行くかであり、そのどちらかにしようとするところが凡人ではないし、かつ普通は法学部のほうが立身出世できるが、そこで土木を選んだのが、土木界にとって大変ありがたいことだった。

ロンドンへ行ったとき、宮本武之輔はフェビアン協会を訪ねている。フェビアン協会とは、バーナード・ショーらが所属していた社会主義団体である。イギリスにおいて社会主義をどう展開しようかを、すでに明治時代からイギリスでは研究しているが、なぜ宮本がフェビアン協会へ行ったのかは、ひとつに労働者対策があった。土木技術者になる以上は、大勢の労務者のことを考えなければならない。労務者管理ではイギリスが進んでいる。イギリスではどうしているのだろう。特に進歩的な社会主義、フェビアン協会はいっ

*2　本書の「5 これからの建設技術者」一〇四～一〇七頁参照

たい労務者対策をどのように考えているかを勉強するためにフェビアン協会を訪れたという点が、普通の土木技術者とは違う。

欧米を視察する土木技術者は多勢いるが、土木の現場、あるいは土木の行政官や大学教授、また土木関係の民間人を訪ね、いろいろお話を聞くことになる。さらに、現場を見て、それで終わりではないだろうか。プラス観光の場合もある。ところが彼は、まずフェビアン協会に行き、労働組合はどうあるべきかを勉強したかったのであろう。

彼は映画にもあるように、中学一年から亡くなるまで日記を書いている。ほとんど毎日書いており、それがまた大変詳細で、ちゃんと夜遊びのことまで書いてある。それがまた彼らしいところでもあった。夜遊びも達人だったようで、料亭に行ったときは、そのときの芸妓さんの名前までが書いてあった。彼の几帳面さ（?）がうかがえる。

彼の日記によると、大正時代に世界文学全集が訳されると、それを片っ端から読んでいる。そして、それを自分の人生にどう教訓とするか、その読後感を記す。日記はところどころ英語になったり、ドイツ語になったりし、宮本を研究する人は、まず日記を読まなければならないが、ドイツ語でつまずく者もいた。

田村喜子の『物語分水路――信濃川に挑んだ人々――』は、もっぱら昭和二年六月二四日の事故の後、直ちに現地の工事主任に任命された宮本武之輔の、昭和六年六月二四日の完成式までの大河津での奮闘の四年間を記した物語である。

宮本武之輔を書けというので、彼女はご苦労にも日記を懸命に読んだ。ところどころドイツ語の部分は、中村英夫教授にドイツ語訳を頼んだという。中村氏は現在、武蔵工大（現東京都市大学）の学長をしておられる。ところで、読む前はみんなドイツ語部分を楽しみにする。というのも、「あそこは具合が悪いからドイツ語にしているんだ。きっとポルノ話じゃないか」と勘繰る。ところが、中村英夫氏が一所懸命読んだところ、「やぁ、やっぱりまじめな話だった」と。がっかりしたかどうかは知りませんが、その訳は田村さんにわたり、この本ができた。本のタイトルに「宮本武之輔」という名前はない。「信濃川に挑んだ人々」である。

実は田村さんは、それまでの本をいくつかの出版社で書いておられ、『宮本武之輔の大河津の奮闘記』というタイトルで、ある有名出版社から出したかった。でも、断られた。その出版社が「有名でない人が有名でない人を書いても、その本は決して売れない」といったそうである（笑）。宮本武蔵なら知名度が高いが、宮本武之輔なんて人物は、土木関係者の一部を除いては誰も知らない。そんな本が店頭に並んでも、手に取ろうという人はいない。

ちょうどその頃のベストセラーは、井上靖の『孔子』であった。あれは有名な人が有名な人を書いたから、大手出版社から出せた。鹿島出版会は土木への理解が深いから、この『物語分水路――信濃川に挑んだ人々』出版を引き受けてくださった。

同じ悩みは大淀昇一氏も持っていたそうだ。大淀氏は東洋大学文学部の教授で、教育学がご専門。東京工業大学で助手をなさっているときに宮本武之輔にほれ込み、日記のみならず、学会の報告、日本の国土はいかにあるべきかなどの数多い論説などを読んだ。大淀氏は、宮本武之輔の技術者魂、技術者はいかにあるべきか、技術者の社会的地位の向上のため、こんなに献身的に働いた人がいたのかと、宮本武之輔のそのような行動を博士論文にまとめ、東京工業大学の社会工学科に提出された。

当時、東工大の社会工学科の中村良夫教授から私に電話があった。教授は景観工学の大家である。実は宮本武之輔についての博士論文が出た。しかし、審査する教官一同、宮本武之輔を知らなかった。博論を提出した人のほうがよく知っているのでは、審査しようがなく困る（笑）。中村良夫さんは、東大にいるとき私の河川工学の講義で宮本武之輔の話を聞いて宮本の名前は知っていた。しかし、博士論文を審査するには、私にも審査員として加わって欲しいということだった、学外からも博論審査員のひとりになるのは可能だ。それで、私はその博士論文とつき合うことになった。

その博士論文を要約したのが、大淀氏の『宮本武之輔と科学技術行政』である。これは一万二〇〇〇円という、かなり大部な本です。博論というのは、重さが大事という冗談まであるくらいだが、大著である（笑）。これは東海大学出版会から出版されたが、そう売れるものではない。宮本武蔵の本であったら、売れるが……。

あるとき中央公論社が、この本を一般向けに書いて欲しいといってきたそうである。それで、大淀氏が私に「実は、中公新書で宮本武之輔を書くことになった」といった。私も諸手を挙げて賛成し、これで宮本武之輔も一般の人に知られるようになるだろうと喜んだ。本のタイトルは、ぜひ『宮本武之輔と科学者運動』とか『宮本武之輔と〇〇』にすれば、一般社会に宮本武之輔が知られるだろう。もちろん大淀氏もそれに賛成だったが、これには中央公論社が反対した。先ほどの田村さんと同様、宮本武之輔を誰も知らない。そんな人の書名で中公新書を出しても、まず店に置いてくれるかどうか。置いたとしても、宮本武之輔では一般の人がそれを手にとってページをめくってみようとはしないだろうというのだ。かといって、こういうタイトルだと売れるかというと疑問だが、『技術官僚の政治参画』という、ずいぶん堅いタイトルにした。宮本武之輔の名前は、タイトルに出せなかったが、宮本の科学者の地位向上運動がこの本のメインである。

先日、大淀氏に会ったが、あまり売れなくて困っているといっていた。「土木の人くらい買うだろう」というと、「いや、土木の人でもどうかな」と。大淀氏にせよ、田村さんにせよ、一般出版社（鹿島出版会が一般かどうかは疑問）はなかなか土木の人間について書いても、引き受けてくれない。宮本にしろ、青山にしろ、八田にしろ、知名度が低い。私は、彼らの名が日本人全体の常識になってほしいと思う。こういう人たちが、どういう生き方をして、なにをしたのか、皆が知っている日本になってほしいと切実に思う。

八田與一——台湾のインフラの基礎を築く

八田與一は、台湾へ行けば、特に南のほうでは知名度が非常に高い。台湾の南へ行くと、八田與一の名前を知らない人は少ない。台湾にある唯一の日本人銅像もあり、現地の人から非常に尊敬されている日本人である。

元台湾総統の李登輝氏が八田與一を大変尊敬しており、台湾の至るところで「こんな立派な日本人がいて、インフラの基礎を築いてくれた」という講演をしたり、書いたりしてくださっている。いまも李登輝氏は日本へ行こうと観光ビザを申請しているそうだが、北京の政府が承知しない。以前も来日を断念した経緯があるが、そのときは、慶応大学での講演内容は、八田與一を讃える講演だった。その講演原稿の全文が産経新聞に掲載された。あるいは読まれた方もいると思うが、残念ながらかつて台湾で日本人が活躍したという記事は、産経新聞以外では扱われなかった。残念である。

古川勝三の『台湾を愛した日本人——八田與一の生涯——』という本があるが、これはそのまま中国語に訳されており、台湾では大変売れている。残念ながら日本語版よりも売

八田與一の墓石と銅像

れている。台湾で売れるのは大変けっこうであるが、日本でも売れるようになってほしい。

著者の古川氏は、かつて日本語の教育のために文部省から高雄に派遣された。高雄に着き、台湾にしばらくいる間に八田與一のことを知った。そういう立派な日本人がいたことを、古川氏は台湾で初めて知るのです。彼は、「こんなに尊敬されている日本人がいたのか」と驚き、「これは日本人にも知らせにゃいかん」と、種々調査した。八田與一のご子息にも取材し、台湾の土地改良区などについても勉強されて書いたのが前述の『台湾を愛した日本人』であった。

このように、残念ながら八田與一は台湾のほうが知名度が高い。今年の五月から台湾のテレビで八田與一の生涯をドラマで放映するそうだが、ぜひ日本でも放映してほしい[*3]。

土木技術者の知名度

台湾へ行くと、高雄や台南など南では、ほとんどの床屋の広告に「山本頭」と書いてある。「なに、これ?　山本頭って?」と聞くと、山本とは山本五十六のことで、山本五十六の角刈りが台湾では大流行していて、そう書かないと客が来ないのだそうだ。単なる角刈りなのだが、そうなるのは山本五十六の知名度が高いからである。山本の知名度が高くなければ、そんな広告を出したところで関係なかろう。

山本五十六は台湾では知名度が高い。私がパプアニューギニアへ行ったとき、私が日本人だとわかると、運転手が異口同音に、「日本には山本五十六という偉大な提督がいた」

といわれる。山本が戦死したのはブーゲンビル島である。パプアニューギニアに近い。ラバウルから飛行機で飛び立ったわけだが、あの辺りへ行くと未だに山本五十六の知名度は高い。皆さんも山本五十六はご存知だろうが、若い人はどのくらい知っているのだろうか。

イギリスへ行くと、東郷平八郎の知名度は非常に高い。日本のネルソンといわれる。ネルソンは、海軍国のイギリスでは人間国宝級に尊敬されている。したがって、東郷も非常に尊敬され、知名度も高い。けれども、日本の若い人に、東郷平八郎はどのくらい知名度があるか疑問である。

昨年一月、冒頭の二作目の映画の関係でパナマへ行った。パナマシティにパナマ運河博物館がある。パナマにとってパナマ運河は一番重要なインフラである。そして、このパナマ運河の難工事に、日本からわざわざ来て、参加した偉い土木技術者がいた。博物館の一角に唯一の日本人参加者である青山士のコーナーがあり、彼の写真が大きく展示されている。もちろん、パナマでの青山士の知名度は高い。特に運河関係者や現地日本人の間では知らない人はいない。

パナマで日本人学校を訪問した。そこでは、青山士を題材にした演劇をやっていた。日本人を集める演劇会というのは、年に一度しかないとのことなので、そのときのビデオがあり見せてもらったのである。それは、青山が若いときにパナマ運河でどれだけ苦労して活躍したかという内容だった。日本人学校の演劇なので在留日本人を大勢集めるわけだから、パナマの日本人、それに現地の人も含めて運河関係者の間では青山士の知名度は高い。「日本には青山士という立派な人がいたそうだ」と一般の人もいう。

映画のほうを、その翌月、磐田でぜひ上映させてほしいと頼み、中部地方整備局を通して磐田市役所の近くで上映した。その前後に磐田の方からメールや手紙をいただいた。

「磐田からこれだけ偉大な土木技術者が出たのに、磐田市民で青山士を知っている人が何人いるだろう。磐田市民はジュビロの選手の名前は大変よく知っているけれども、青山を知っている人はあまりいない。それは磐田市民の恥である」という内容だった。前から青山の名を知っていた人であったが、非常に残念との連絡が入ったのである。

青山や八田や宮本は、国宝級の存在である。台湾でもパナマでも知られているように、日本でも知られなければならない。そいう人を、土木の一部の人間だけがよく知っていても、一般の日本人の常識になっていないのが残念である。

「土木技術者は、どこの国だってそんなに知られていないだろう」

いや、そんなことはない。欧米、特にフランス、イギリス、ドイツでは土木技術者の地位は非常に高い。

たとえば、五、六年前にイギリスのＢＢＣが視聴者相手にアンケートを行った。数十万人から返答があったという。アンケート内容は、「イギリスの歴史で最も偉大な一〇人を選んでくれ。一〇人でなくても、四、五人でもいいいから」というものだった。集計結果は一位がチャーチル。そして、二位がなんと偉大な土木技術者のブルンネルであった。以下ベストテン入りした人の名前は、よくご存知の方かと思われる。日本人は、この一〇人のうちたぶん土木技術者のブルンネルだけ知らないのではなかろうか[*4]。

ブルンネルというのは、一八世紀の偉大な土木技術者で、テームズ河に初めて河底トンネルを掘ったり、当時の世界最大の船を設計したり、イギリスのインフラ整備の父である。なにも土木学会の人にアンケートしたわけではない。一般視聴者が対象である。他はダイアナ妃やジョン・レノンが入っている。このお二人が一〇〇年後も選ばれるかどうか

*4　本書の九五〜九六頁参照

は疑問に思うが、ダーウィン、ニュートン、シェイクスピア、ネルソン、エリザベス一世、クロムウェルは間違いなく一〇〇年後も選ばれるであろう。

以上のように、ブルンネルは、ロンドンの地下鉄駅のパディントンにも、生まれ故郷にも銅像が立っているようにイギリス人なら知っているのが常識である。ブルンネルという偉大な土木技術者がイギリスの国土の基礎をつくったという思いがあるからである。

イギリスの友人にその結果を聞いての感想を求めると、私の友人が言うには、オールスターゲームのときの投票にファンがかつてやったように、集団投票もあったようである。イギリスの土木学会が頑張ったのかどうかは知らないが（笑）、組織票がだいぶ入ったという面はあるが、ブルンネルの知名度が高いということは間違いない。

友人は、たぶん一般にはスティーブンソンが知名度が高いだろうと言っていた。日本では蒸気機関車の発明者としか知られていないが、彼は土木学会会長もした土木技術者である。スティーブンソンのほか、テルフォードやジェイムス・ワットなどがベスト二〇くらいには入るはずである。テルフォードはイギリスの初代土木学会会長だが、日本では田辺朔郎が琵琶湖疏水で日本初のテルフォード賞を受賞したが、その賞の名称にもなった人物である。ジェイムス・ワットは日本では蒸気機関しか知られていないが、彼も土木技術者である。

日本でもしNHKなどが一〇〇万人を相手に同様のアンケートをしても、残念ながら土木技術者は一人も選ばれないだろう。では、誰が選ばれるか。放映中の大河ドラマ主人公は入ってくるかも知れがないし、明治天皇、聖徳太子は必ず入るだろう。だいたい政治家と、ひと昔前なら軍人が入る。いま軍人を選ぶといろいろ問題が起こりそうだが、土木技術者が選ばれることはないことは確かだ。

私の個人的見解では、日本の歴史上偉大な人物といえば廣井勇や古市公威を選ぶ。欧米では義務教育で自国のインフラ整備の歴史を教えているからである。先ほど述べたように、イギリスならブルンネル、スティーブンソン、テルフォードを。フランスも同様、都市の通りなどの名称として親しまれている。地方都市でもそうである。フランスへ行かれる機会があったら、ぜひ通りの名称に気をつけてみていただきたい。たとえば、パリにブールバール・オスマンという大きな通りがある。オスマンはナポレオン三世の時代にパリの都市計画をつくった人である。コンコルド広場をつくり、あの広大なシャンゼリゼ通りもつくる。要するに、現在のパリの骨格を計画したのはオスマンである。地方都市へ行くと、その都市のインフラに貢献した人の名前が、通りの名称、あるいは広場の名称になっている。

一例だけ挙げよう。ブルゴーニュワインの一番北の端にディジョンという街がある。その街の一番大きな広場は、ダルシー広場という。ダルシーの名前は、地下水の流速を求める公式（ダルシーの法則）でご記憶の方もいるだろう。ダルシーはディジョンの生まれで、ディジョンの上水道を整備した人であり、ディジョン市民にとってダルシーは恩人なのである。だから、ダルシー広場があり、その広場には大きなダルシーの銅像が立っている。

こういうものは、イギリスやドイツ、フランスでも見受けられる光景だ。やはりインフラを整備した土木技術者は、それなりに評価され、そして国民の尊敬を集める。

日本でも、田辺朔郎の銅像は南禅寺のちょっと上に立派なものがあるし、廣井勇の銅像も、昔は小樽公園、いまは港の近くにある小樽運河公園にある。また、古市公威の銅像は東京大学の正門を入ってすぐ左にあり、沖野忠雄は淀川の毛馬の水門にあるが、残念ながら一般の人の目に触れるところではない。東京のど真ん中にあった軍人の銅像は、取り払われてしまったが、そこに彼らが移されることもなかった。

欧米の先進国では、インフラをつくった恩人に対して尊敬の念があり、誰がどの街でどういうことをしたのかは、国民的常識である。だが、日本ではどうだろう。一般の国民で古市公威を知っている人が何人いるだろうか。何十万人に一人もいないかもしれない。ひょっとすると、土木屋であっても知らないかもしれない。廣井勇は、イギリスにおけるブルンネルほどではないが、北海道での知名度は高く、非常に感謝され慕われているが、北海道以外、たとえば仙台で廣井勇といっても土木関係者以外で知る人はいないだろう。

土木技術者としてのあり方・生き方

冒頭で紹介した映画二本の共通人物は廣井勇である。第一作では江戸末期に生まれた五人のうちの一人である、二作目の三人、青山も八田も宮本も、廣井の弟子である。

廣井勇は、東京大学が明治三三年に北大からスカウトして、その後大正八年まで東京大学土木工学科の主任教授として活躍した大先輩である。この青山、八田、宮本は弟子の代表格であるが、ほかにも大勢の立派な先輩たちが廣井勇の薫陶を受け、社会に出て行った。

私が東京大学にいた若かった頃、長老教授は廣井勇に教わった人たちだった。私が講師や助教授の頃、その教え子である先輩教授から、よく廣井先生のお話を伺った。さまざまな逸話を伺い、それはいまも東大土木教室のひとつの支えになっていると私は思う。

廣井勇は東大時代に立派な学術論文を書いている。不静定理論に関して世界を驚かした論文であった。

明治時代のことだから、多種類の講義をしている。小樽築港の経験から港湾工学を、そして実現はしなかったが、関門海峡の吊橋の設計もしたことから橋梁工学を、もちろん鉄筋コンクリート工学も教えた。日本で最初の鉄筋コンクリート工学の講義をしたのは、廣井勇であった。その他、材料から橋梁設計、港湾、河川に至るさまざまな講義をされた。だが、それ以上に廣井勇が偉大なのは、技術者のあり方、生き方を教えたことである。それは大学の講壇から話すようなことではなかった。大学の講義室で「土木技術者たる者、責任感を持て」などといっても始まらない。学生に影響を与えたのは、彼の生き方そのものであったと思われる。

おそらく当時の学生たちは、講義で直接教わること以外に、廣井の生き方を尊敬したのだと思う。ときどき、製図室に現れては学生と雑談することもあったそうだが、明治・大正期の教授と学生の関係はいまとは非常に違う。教授から話しかけられるというのは、無上の喜び、光栄の至りであり、身も引き締まる。廣井は札幌農学校で内村鑑三と同級生であった。そこで徹底的なクリスチャン教育を受けている。

明治・大正期の日本のひとつのバックボーンは、キリスト教であった。青山士も敬虔なクリスチャンであった。廣井勇が大学でキリスト教の講義をしたはずはない。しかし、それに則った生き方は、学生たちにも伝わっていたであろう。非常に敬虔で真面目な生き方というのは、伝わるものである。

噂によると、廣井は毎日就寝前、灯火を消して三〇分間正座し、その日一日を省みたそうである。寝る前に電気を消せば、すぐに眠くなって寝てしまうのが凡人かと思うが、正座し「今日、自分は一日を本当に誠実に生きたか」、大学にいる時代は「一日精魂込めて学生の教育にあたったか、懸命に研究したか」と寝る前に反省して、それを翌日の生き方の糧にした。これはなかなか真似のできる話ではない。

廣井勇の書いたものに、役人の批判もある。明治・大正時代にも、〝役人は立身出世のことばかり考えて、少しでもいい地位へ行こうとするのはけしからぬ。情けない。技術者は、技術を磨くことが最高の使命であり、立身出世など考えず、技術を磨け。毎日現場へ行け〟と廣井は力説している。

廣井は、小樽築港のとき、誰よりも早く現場に行き、自らコンクリートを練ったそうである。部下は迷惑だったと思うが（笑）、冬の嵐のときは、夜中でも起きて、自分が建設中の防波堤を見に行ったそうだ。心配だったのだ。小樽の北防波堤は、日本で初めてコンクリートを使った防波堤であり、耐久性はわからない。そこで、一〇〇年先までのテストピースを何百本も用意した。つまり、土木技術者は、自分がつくったものが一〇〇年たったときに、どの程度安全かを考える責任があることを、身をもって示したのである。

小樽港では、廣井のつくったテストピースを、いまもなお毎年テストしている。その薫陶を得て、東京大学のコンクリートの先生は、油壺へ行き何十年も耐久強度を調べている。土木技術者たる者、土木構造物は一〇年、二〇年ではなく、一〇〇年先、二〇〇年先にどうなるか責任を持つべきである。それが小樽港のテストピースに表れている。それが廣井勇の技術者魂である。

廣井はまた、土木事業を行う現場の住民のことをつねに考えろといっている。そこの現場周辺の住民の役に立たないものは、本当の土木事業ではない。外国へ行って働くときも、本社へ帰ることを考えてはいかん。八田與一は、台湾へ行くときから台湾に骨を埋めるつもりで行った。奥さんもそれがわかっていて、日本に帰るつもりはなかったという。台湾の人のために働くのが土木技術者であると信じていたのである。現在も海外へ行っている技術者は多いが、本社のほうを向かず、現地住民のことを一番に考える人が多勢いてほしい。現地住民の役に立つか立たないかは土木技術者の責任である。八田與一は、廣井のそういう精神を受け継いだのである。

青山士は昭和一一年に最後の内務技監を終えて、磐田の自宅へ帰る。もちろんその後も、県の顧問などの職に就くが、一応この年に内務省をリタイアした。その磐田におられた第二次大戦後は毎年のように大水害があった。大型台風のカスリーン台風の被害は、東北でも深刻であった、大型台風が次々襲来した昭和二〇年代、台風が関東へ向かうと知るや、新幹線もないときに青山は夜行列車で荒川の放水路へ行った。自分が仕上げた放水路が心配だったのだ。すぐに事務所へ行ったりはせず、早朝、その放水路の堤防をずっと眺めて歩いたそうである。これは、まさに廣井が小樽の港をつくるときの責任感と同じである。退官したから関係ないではなく、自分がつくった仕事は死んだ後でさえどうなるかに責任を持つのが土木技術者の使命であるとは、廣井からの教訓であろう。廣井の小樽港における態度が、青山の荒川放水路に対する態度に影響していると私は思う。

青山 士——高潔な精神と自覚を持って挑んだ「パナマ運河」

青山士は一高時代、当時の青年のつねにあるごとく自分はなんのために生まれたのか、自分は死ぬまでに何をすべきか悩み抜く。内村鑑三の教会の門を叩き、内村の「後世への最大遺物」などの講話に接した。

内村鑑三は、人間にとって後世へ遺すものこそ生きがいのある仕事である。そのためには土木技術者になることだという。土木技術者は後世のため、子の代、孫の代、曾孫の代、一〇〇年後の人たちのために仕事をするからこそ尊い。これは土木工学の講義ではなく、教会の講話であるから、結論は、「土木技術者になれるのは何十万人に一人という恵まれた人だ。誰もがなれるわけではない。恵まれた土木技術者は、立派な後世へ遺る土木施設、土木構造物をつくってください。土木技術者以外の皆さんは勇気ある高尚な生涯を送れ」と。正義のためには勇気がなくてはならぬ。悪と戦う勇気こそが大事である。

「勇気ある高尚な生涯を送れ」というのが内村の結論ですが、それを聞いた青山は、自分は土木技術者になれると土木工学科へ入学する。そのとき内村鑑三は、自分の札幌農学校の同級生である廣井勇が、いま東京大学の土木にいるから、ぜひ東大土木へ行って廣井先生に教わりなさいといった。「教わりなさい」というのは、コンクリートや港湾ではなく、生き方を教われということだった。東大へ行き、廣井勇の薫陶を得て土木技術者になるが、彼はまたしても悩む。自分は土木技術者にはなれる。でも、何をすべきか。そこで彼は、当時（明治三三年東大入学）人類のためになる土木事業はなにかを考えた。結論は、パナマ運河こそ、それにふさわしい立派な仕事であると考え、大学を出るや否や旅順丸に乗ってアメリカへ向かった。

彼がパナマへ着いたのが明治三七年。ニューヨークで一年間アルバイトをしてからの到着だった。それから七年半、パナマ運河で奮闘する。パナマ運河工事は、一〇人に一人死ぬという悲惨な工事だった。世界広しといえど、そんな現場はない。事故死もあったが、大半は黄熱病、チフス、マラリアなどの病気が原因の犠牲者であった。マラリアの原因さ

青山 士

えわからなかった時代だから、労務者はバタバタ倒れる。いま考えれば、労務者一〇人に一人死ぬような現場は許されまい。

「パナマ運河」は、レセップスが始めた事業だが、多くの死者を出し、財政的にも行き詰まって断念した。だからこの工事に行こうという労務者もなかなかいない。エンジニアも二の足を踏んでいた。しかも、熱帯特有の高温多湿なジャングルのなかでの作業である。そこへ、パナマが青山に来てくれと頼んだわけでもなく、自発的に行ったのだから、心構えが違った。パナマ運河の測量をやっているときでも、いま、自分は人類のための仕事をしているという自覚が、彼を勇気づけたに違いない。肉体的にも、下痢などで苦労している。でも、彼は精神的には苦痛ではなかったと思われる。自分がやっている仕事の意義に誇りを持っていたからである。それが自分の人生観に則っている仕事であれば、彼は苦痛や不満は感じなかったであろう。しかし、他人にはなかなか理解できないと思われる。それでも、彼のパナマの同僚たちは、だんだん「これは立派な人が来た」ことがわかった。

彼がパナマへ行った年に、日露戦争が始まる。約一〇〇年ほど前の話である。当時の日本は、三月一〇日に奉天(いまの瀋陽)の会戦、五月二七、二八に日本海海戦と続き、そこで勝利を収め、講和条約が八月、アメリカ東海岸ポーツマスで締結。ポーツマスでは、日本代表は小村寿太郎(当時の外務大臣)、ロシア代表は大政治家のウィッテだった。そこで激しい講話談判が行われた。政府は、日露戦争最中もつねに国民には都合のよいことしかいわない。本当は日本はかろうじて勝ったといえる。もう少し戦争が長引いていたら結果はどうなったかわからない。そういうことは国民には伝えていなかった。まだハルビンには何万というロシア軍が待機しており、反撃を狙っていたが、日本軍は武器に枯渇し、あれ以上戦争できる状態になかった。海軍は若干の余力はあったが、陸軍は困難な状態であったから、早く講和条約を結ぶ必要があった。日本にとっては、ロシアの内部崩壊も幸いした。レーニンが表舞台に登場し、革命が起きる。そんなことは一般の日本庶民には知らされなかった。大勝利、大勝利という国威発揚に国民自身もすっかり酔いしれ、日本は大勝利を収めて余裕があるかのように錯覚していた。小村寿太郎が新橋を出るときは、何千人という見送りが出て、「シベリアを全部取ってこい」、「沿海州を取ってこい」など景気のいい幟があがっていた。しかし、見送りに出た伊藤博文は、「帰ってくるときも出迎えの人がいるかな……でも、ひとりもいなくても、自分は君を出迎えに行くよ」と小村にいったそうだ。講和条約が容易でないことを政府はよくわかっていたが、国民だけがわかっていなかった。

結果、ポーツマス条約では賠償金は一円も取れない。少なくとも日露戦争でかかった費用くらいの賠償金を得られると思っていたが、それもなかった。当時樺太は全部日本が占領していたから、最低限、樺太は全部日本の領地になると思っていたが、南半分のみに終わった。国民は非常に不満であった、小村寿太郎の家には脅迫状が来たり、松明まで投げ入れられたりした。「小村一家は全員自決して、屈辱的講和条約を謝罪しろ」というものまであった。その国民の不満が、明治三八年九月五日の日比谷公園騒擾事件となった。日比谷公園だけでなく、東京都心のほとんどの交番が焼打ちされ、東京だけでなく日本中が大騒ぎになった。この事件で二〇〇〇人が逮捕され、死者も出た。

その大騒ぎで日本中が不安な状態にあるとき、青山はパナマへ着き、苦労多き日々を送っていた。日露戦争が終わり、反日感情がアメリカや中南米で盛んになる。パナマでの「青山士は日本海軍が送ったスパイである」につながっていった。高潔な精神でパナマ運河工事に来たなどと、一般人には到底想像できなかったに違いない。あれはスパイだという方がわかりやすかった。あの日本海海戦で、アメリカ海軍は日本に大変な脅威を感じた。いずれ日本と海戦があるだろう。そのとき日本の海軍はパナマ運河を攻撃するに違いない。青山はそのためにいまからパナマ運河の内情を知っておくために日本海軍が送ったスパイである、と疑われた。それが原因かもしれず、完成を見ずして彼は帰国することになった。

青山は、帰国後、大河津分水事業に携わり、記念碑を立てる。そこには「萬象ニ天意ヲ覚ル者は幸ナリ　人類ノ為メ国ノ為メ」とある。日本の土木関係の記念碑の白眉である。格調高い記念碑である。

「仕事」の位置づけ

青山は、三つの記念碑をつくっているが、どこにも青山の名前はない。大河津分水には、隅のほうにローマ字で「A」というイニシャルはあるが、他はない。要するに、青山は自分の名前をここに刻まなくとも、自分のした仕事は残る。それが未来永劫、人々のためになると考えたのである。人類のためにパナマへ行ったのだから、大河津分水のときでも、人類のためにということがつねに頭にあった。だから、ああいう記念碑になったのであろう。決して新潟県民のためだけというちっぽけな感情は、青山にはひとかけらもなかった。つねに自分の行う仕事は、人類のためだからこそ価値があるという信念があった、八田與一は、台湾の嘉南平原の人たち、あの貧乏で苦しんでいる人たちを救えるのだという信念があったから、あれだけの仕事ができたのである。

この三人とも土木技術者としても非常に優れた技術を駆使していたが、処世術では、青山と宮本はある意味で正反対だった。青山は、部下たちにとっては煙たい存在だったようだ。あまりにも崇高な生き方だったせいだろう。宮本は、大変庶民的な人柄だった。大河津の工事をしているときも、夜も労務者と一緒に酒を飲んでは大騒ぎする。地元の代表とも酒を酌み交わしている。ついでに芸妓とも仲よくなるという非常におおらかな人物であった。

幅が広いといえば、先ほどのフェビアン協会の話もそうだが、日記を見てもわかるように、大変視野が広かった。土木事業を行うときも、技術者の立場が欧米に比べてなぜ日本はこんなに低いのかを念頭に置く一方、貧乏な人たちの役に立つことを願う技術者になり得たのだと思われる。

芥川龍之介、久米正雄、菊池寛と友だちだったように交際範囲も広く、文学者、芸術家、政治家、労務者はもちろん、一般庶民まで、大変幅の広い、誰とでも話せる言葉を持っていた。つまり、他の省の人間とケンカをする役人は大勢いるが、対等にその省の立場にも立って話のできる人であったから、他の省からも一目置かれる存在となったのである。立場の違う、他のお役所の人、文学者、政治家に多くの友だちがいた。読書量も大変なものだった。だからこそ、いろいろな階層の人たちと話せる言葉を持っていた。たぶんいまだったら、各地の住民と腹を割って話し合いができる人であったに違いない。

この時代は、土木事業は無条件に感謝された時代である。昔はよかったと思うかもしれないが、生き方には共通の面がある。彼らから学ぶところは、青山のように、自分の仕事が、そこに住む人とどういう関係にあるのかを知り、その上でやりがいがあるという自覚を持っていれば、反対運動の住民と話をするときも、話す口調、哲学、理念が違ってくるはずだ。

宮本は、誰とも話せる言葉を持った広い教養の持ち主であった。これからの土木技術者にこれほど要望される資質はない。宮本は、書いたものでわかるが、単に自分の仕事の直接効果だけを考える人ではなかった。日本全体の国土のなかにおける自分の仕事の位置づけが、人生観のなかに生きていた。その点は青山と全く同じであった。

八田は、台湾の人のためにということが、つねに頭にあったから大事業ができたし、台湾の人々のために当時としては破格の職員住宅や小学校などがある集落をつくっていた。それは大正時代には珍しいことだったからこそ八田は、台湾の人々に神の如く慕われているのである。

私が感動するのは、台湾の人たちが五月八日、いまもなお毎年、八田與一への感謝祭を実施していることである。亡くなって六三年が経っても、毎年その命日に大勢の台湾人が集まって、八田與一に感謝するという台湾の人たちの恩を忘れない心に感動する。

追記

青山は、先ほどの記念碑「萬象ニ天意ヲ覚ル者ハ幸ナリ〜」の下に、日本語に加えてエスペラント語でも記している。つまり万国共通言語でつづっているのである。日本人だけのための事業ではない。「人類のために」という言葉があるように、これは日本人のみならず、いろいろな国の人にも理解してもらいたいという思いがエスペラント語になっている。

私は青山さんが亡くなる二年前に、磐田のご自宅に二度お訪ねして、お目にかかる機会があった。若い頃の貴重な経験であった。エスペラント語で書いたことで、当時、特高の尋問を受けたそうだ。特高（特別高等警察）は思想警察である、特高から見ると、エスペラント語は危険思想でけしからんものだった。というより、特高は自分にわからないものは全部けしからんと考えたようだ。共産党弾圧に特に力を入れた特高だったが、青山さんもエスペラント語を書いて危険人物とみなされたらしい。北陸地方整備局長に担当するポストであったので、荒々しい尋問ではなかったという。その後、彼は技監になり、昭和一一年で退官するが、技監の一年半の間、反戦主義者とみなされ特高につけまわされたそうだ。

青山は戦争を謳歌するような講演は一度もしていない。しかし、昭和一〇年代、戦争を謳歌しない人間は、非国民であった。かてて加えて、青山は機械学会での荒川放水路についての講演で、荒川放水路工事は金がかかったといわれるが、軍艦一隻つくるより安い（笑）。荒川放水路は何百万の東京都民を守っている。それでまた軍部に睨まれた。彼は決して、軍艦をつくるなとか軍事予算を減らせといったわけではない。公共事業の重要性に鑑みると決して高いものではないという話をしたのである。だが、それは軍人から見ると、戦争批判になる。結果、軍艦建設を批判したとされ、また特高に睨まれた。彼は、昭和二〇年まで反戦主義者とみなされ、苦しい立場に立ったのであった。

日本は、日露戦争に勝ったのち、驕り昂り、アジアの国々に対しては傲慢になり、軍人優先の社会になった。そういう時代に、青山士は自分の人生観と国の方向との矛盾に大変悩んだと思われる。

日露戦争直後から昭和二〇年までの日本は、軍国主義の時代である。夏目漱石が日露戦争の三年後に発表した『三四郎』では、三四郎が熊本から東京へ鉄道の旅の際、乗客との問答がある。浜松から乗った広田先生との問答である。プラットホームを外国人が歩くと、その頃は珍しい頃だから、「外国人に比べて日本人は貧相ですね」と広田先生がいう。すると三四郎が懸命に、「いや、日露戦争に勝ったんだから、日本はこれから隆々と発展するでしょう」といったら、広田先生が「日本は滅びるね」と。それを聞いた三四郎はびっくりして、「熊本でそんなことを言ったら、非国民扱いでぶん殴られるぞ」と思う。しかし、広田先生の予言どおり、それから四〇年たった一九四五年、日本（帝国）は滅ぶのです。

言論の自由が圧迫された時代に、青山さんは、さぞかしそれに悩んだはずだ。しかし、ある意味では、日露戦争後から昭和二〇年の暗黒時代に、この三人のような素晴らしい人生を送った彼らがその時代の日本を精神的に支えていたと、私は理解したい。戦後、『アメリカのデモクラシー』を原書で読んで、デモクラシーを勉強したのも、青山さんの生き方の一端を示している。

とかく、技術者は成し遂げた成果、土木技術者の場合は、構造物や施設の機能が特に優れていたり、それが史上最大であると高く評価されれば、技術者本人の誇りとなる。それも確かに偉大なことであるが、重要なことは、どういう動機で、誰のために建設したのか、という自覚であり、矜持である。

八田與一はアジア最大のダムを造ったから偉大なのではなく、嘉南平原の三重苦に苦しむ民衆を救うために、方策を思案したあげく、烏山頭ダム建設が最善な手段と考え、そのダムを築いたから、民衆に慕われているのである。

青山士は東京都民のために荒川放水路を、青山も宮本武之輔も新潟平野の農民を救うために大河津分水を建設したからこそ、その事業は不滅である。こうして、青山・宮本をはじめこれらに従事した技術者は満ち足りた人生を送ったのである。

7 佐久間ダム・小河内ダムが社会に与えた影響

［講演録］大規模ダム竣工50周年記念事業 基調講演、二〇〇八年一一月

佐久間ダムと小河内ダム、それぞれ竣工五〇年を記念して、主として電源開発株式会社が主催して、幾多の記念事業の一環として、私がこの講演を引き受けた。この講演のあと、石井弓夫（記念事業実行委員長）コーディネートによるパネル・ディスカッションなどが実施された。半世紀前、日本の経済成長のいわば露払いの役を果たした大ダム建設の技術的ならびに社会的役割は大きかったし、日本の土木史の重要な一コマとして記録すべきである。

小河内ダム竣工五〇年、佐久間ダム竣工五一年にあたり、それに携わった方々、実際にそれを指導した方々、多くの人はもはや故人だが、そういう大先輩の努力を偲びながら、

この両ダムが日本の社会に与えた影響を述べます。

佐久間ダムが昭和三一年に完成し、その翌年、小河内ダムが完成した。昭和三一年は、経済白書が「もはや戦後ではない」と宣言した年である。それを証明するがごとく、その年に佐久間ダムが完成した。昭和二〇年に日本は有史以来初めて敗戦を経験し、その後外国の軍隊によって占領されるという悲哀を味わったが、それを吹き飛ばしたのが佐久間ダムであり、小河内ダムであり、またそれをきっかけとして全国津々浦々で行われた多くのインフラ事業であった。

佐久間ダムに学ぶ

昭和二〇年の敗戦から二年後の昭和二二年に、私は大学に入学し、学部を二五年に卒業した。その頃の生活を省みると、ほとんど毎夜停電していた。試験の準備勉強を始めると、電気が消える。一時間くらい停電して五分間つくというような状態であった。おそらく日本中どの家でもろうそくは必需品であった。そのほか、食料事情や交通事情など、いちいち挙げたらきりがないほど、昭和二〇年代というのは日本の歴史にとって大変悲惨な時代であった、
そして、日本を昭和九年から一一年の工業生産水準に戻そうという掛声で、そのエネルギー生産のために、昭和二七年に電源開発促進法、電源開発株式会社法が成立し、いわゆる電発が生まれた。電発はその後、多くの赫赫たる仕事をされたが、その最初の大ヒットが佐久間ダムであった。昭和二八年から着工し、あの大工事をわずか三年で仕上げるとい

佐久間ダム ［写真提供：土木学会］

う、当時としては奇跡としか考えられないような事業をやってのけたのである。

当時、電発の総裁であった高碕達之助は、電発の佐久間ダムの所長であった永田年に、ちなみに「年」は「すすむ」と読むのだが、知らなければ読めないので、多くの人は「永田ネンさん」と呼んでいた。彼は、この巨大ダムを三年でつくれという命令を受けた。それにはアメリカの大型土木機械を大量に使わなければできないとの考えだったが、総裁も全く同様の意見で、昭和二七年一一月にアメリカにわたり、アトキンソン社と交渉する。高碕は、特にカリフォルニアを中心にいろいろなダムを視察した。そのときの高碕の随員が、後に黒部ダムの建設に貢献した野瀬正儀である。高碕は、アメリカから電発の顧問をしていた佐々木良作にしばしば電話をしていた。佐々木は当時顧問だが、電産労組の書記長を経て、昭和五二年民社党の委員長となった。民社党は、社会党右派だが、彼は佐久間ダム建設に貢献し、高碕の信任が厚かったそうだ。佐々木は、機械のことやその他のこともつねに高碕と連絡を取りつつ仕事を進めていたようだ。

佐々木が発表した日経新聞の「私の履歴書」を読むと、佐久間ダムの話がいくつか出ていた。大型土木機械を買ったはいいが、現場へ運ぶのは容易でなかった。当時は、日本の道路は非常に貧弱な状況で、道路公団ができたのもやっと昭和三一年である。そこで分解して運べる機械は分解する。自力で行けるものは自力で行く。横浜港へ着いてから、特に現場へ行く天竜川沿いの道路では苦労したようである。中流に天竜という町があるが、佐々木によれば、天竜の町中を、この大型土木機械が通るときは、両側にある民家の屋根のひさしをバリバリ破りながら進んだという。いまでは到底考えられない。大型土木機械を運ぶ道路は全くできていなかったのである。

佐久間ダム工事は、紆余曲折を経て、間組と熊谷組が入札に通るが、その入札をめぐる話だけでも紆余曲折の物語である。施工業者が決まると、今度は発電機をどうするか。高碕総裁は、これを国際入札にしようと考えた。すると、当時の吉田首相に呼ばれ、「国際入札とは何事だ。日本の発電機を使え」と文句をいわれたそうである。しかし、高碕もなかなか骨のある人物で、「政府は自分を任命するときに、政府はいちいち干渉しない、お前の思うようにやれと言ったではないか」と吉田茂に反発し、「第一、発電機のような機械を買うのを政府が干渉するとは何事だ」と、逆に吉田茂をしかりつけたそうだ。事々に骨がありすぎた高碕は、佐久間ダムの完成を見ずして更迭された。新聞記事によれば、いちいち政府に楯ついたからだという説もある。真偽のほどはわからないが、そこで国際入札を始めた。その頃、ドイツの機械のＰＲにドイツ大使も見えたとのことである。入札が始まったとき、総裁が佐々木にポロッといったことがある。「君、心配しなくていいよ。大丈夫、日本が勝つ」。その頃の輸入関税は一五パーセントで、外国勢はハンディキャップがあった。とはいえ、内心では心配していたかもしれない。結果は見事、日立と東芝が発電機の入札を得た。しかも電発で考えていた発電機の費用は三〇億円だったが、それを一〇億円下回る値段での入札だった。佐々木によると、国民の血税を一〇億円節約したのは、私の生涯の誇りであると書いている。もっとも。日立の倉田主税社長が後に述べたところによれば、大変な赤字でえらい目にあったらしい。だが、あの佐久間で発電機を入れたことが、その後の国内、あるいは外国へ輸出するのに大変役立った。結局、あれは高い授業料だったが良かったとも、倉田社長は述べている。

建設業は間組と熊谷組だが、アトキンソン社の土木機械を大量にいれたので、同社から四五名を招いた。お雇い外国人というと、明治期を思い出すが、まさに戦後のお雇い外国人であった。なにしろ大型土木機械を、日本は使ったことがないので、永田自身、自信がなかった。自分で使ったことがないから果たしてうまく行くかどうか心配であったようだ。

工事の第一の山場は仮排水路の締め切りだった。永田の述懐によると、佐久間ダム地点は断崖絶壁で、特に梅雨期には大洪水が來る。永田は、電発へ来る前は北海道電力の副社長で、そこからスカウトされた。そのとき、北海道電力の退職金のほとんどを使って土木機械とダムに関する洋書、主としてアメリカの文献を買った。永田の運転手の述懐によれば、佐久間ダムの現場へ行くときも、夜遅くまでそういう原書を読んで懸命に勉強していたという。

工事が始まると、工事中の永田に関するいくつかのエピソードを紹介したい。私も、そのとき初めて「ジャンボ」という大型機械の名を聞いた。岩波映画の佐久間ダムの迫力ある記録映画で、つぶさにジャンボやいろいろな土木機械が活躍するさまを拝見した。仮排水路を締め切るのにどれだけ時間がかかるか、賭けではないが、アトキンソン社の技師は早くても二、三日はかかるだろうと予測していた。だいたい洪水流量が年に何回か毎秒一〇〇〇〇立方メートルを超しているから、締め切るといっても大変な川である。皆が三、四日といっているなか、永田氏は「二日じゃかかりすぎだ。一日半でやれ」といった。皆、唖然とした。ところが、この締め切りは結果としてわずか五〇分でできた。永田自身、大型土木機械の威力に大変びっくりしたようである。

このような大型土木機械を使った佐久間ダムの高さは一五五メートル。日本で最初に一〇〇メートルを超すダムである。佐久間ダムができる前までの日本で一番高いダムは、丸山ダムの八八・五メートルであった。それを二倍近く上回る。佐久間ダムの発電出力は三五万キロワット。いま、三五万キロワットといっても、そんなに驚かないだろうが、昭和二〇年代にひとつのダムで三五万キロワットは画期的であった。それまでの最高が信濃川水力発電の一七万五〇〇〇キロワット。それを一挙に倍だから、とてつもない記録だった。それを成し遂げたのは、もちろん電発および間組、熊谷組の方々の大変な努力ですが、私は特に永田年の迫力、そして責任感を紹介したい。

なにしろ大変短気で一本気だったといわれる永田は、大正一一年に東京大学土木工学科を卒業し、内務省などで仕事をした。佐久間ダム工事中のさまざまな逸話に事欠かない。型枠が壊れた。日本では初めての大きな型枠だった。長さ七・五メートル、高さは場所によって違うが、だいたい二メートル内外。そんな型枠は、それまで日本の大工も使ったことがなかった。あるとき、それが破裂した。担当者が永田のところへ報告に行くと、ものすごい雷が落ちた。「だから頑丈な型枠をつくれとあれだけ言ったじゃないか」と。報告に来た者は、「申し訳ない。実は現場の大工が『自分は十何年も型枠をやっていて、一度も壊れたことがない。型枠は俺に任せておけ』といって凄まれたので、それならとお任せしたのが間違いだった」。それを聞いた永田が、「だからいったじゃないか。これは日本で初めての大規模な工事なんだ。十何年か何十年か知らんが、そんな経験なんかなんの役にも立たないんだ。大工の頭の考え方を切り換えさせろ。ついでにお前の頭もすげかえろ」。へビースモーカーだった永田は、怒るとすぐ灰皿を机や床に叩きつけた。当然吸殻は部屋中に飛び交う。たいへん怖かったという。

しかし、やがて永田所長とつき合っている電発の方々も労務者もだんだんわかってくる。永田は、自分がこの佐久間ダムで成功しなければ、日本の土木事業は大型土木機械を扱えないということになる。電力不足のいま、それを救うために自分はこの工事をしているという信念と責任感を、電発、間組、熊谷組の方々も徐々に気づいたのである。「そう

佐久間ダム工事

か、そういう熱意で永田さんはやっているんだ。おっかないし、しばしば雷が落ちるけれど、その使命感がわかれば、われわれはついていく。そうしなければ佐久間ダムはできない」という固い共通信念が出来上がっていった。灰皿だけでなく、やかんのフタもすぐに投げ飛ばした。それは長年永田氏の運転手をしていた大平豁《かつお》男に、作家の田村喜子が丁寧なヒアリングをしたときに、先ほどの灰皿を投げた話も含めて聞いたので、彼女が書いた手記にもある。彼女に直接お聞きしたところにもよると、とにかく短気で一本気で、つねに迫力があった。記録によると、いつも現場へ行って陣頭指揮をとり、細かいところまで指示があったそうである。しかし、普段は大変やさしい親分であったということだ。

佐久間ダムはさまざまな記録をつくった。高さ一五五メートルや三五万キロワットはもとより、施工中にも多くの記録を出している。昭和三一年一月八日には、一日の打設量が五一八〇立方メートルという世界記録を樹立。それまでの記録は、アメリカカリフォルニアのフレスノの近くにあるパイン・フラットダムであった。実は、佐久間ダムの土木機械は新品ではなく、そのダムの中古品を使った。パイン・フラットダムがかつて記録した五〇六三立方メートルを遥かに破る快挙であった。それは、〝エンジニアリング・ニュース・レコード〟やアメリカの技術雑誌に高く評価された。日本のダム技術は、油断ならんぞと。その他、打設の総量も昭和三一年暮れには世界記録に達した。その前の記録は、TVAのノリスダムの記録だが、それを破っている。記録は枚挙に暇がない。佐久間ダムは、日本最高のダムであるのみならず、世界規模で見ても十分に誇れる大ダムである。

昭和三一年にダムが完成し、五〇サイクルと六〇サイクルの両方で首都圏と中京圏に電気を送れるようになっていた。日本のテレビが昭和二八年に始まった頃、スポーツ実況は大変人気があった。プロレスの力道山や相撲、当時の相撲の実況放送は、なんとNHK教育テレビ以外の全チャンネルが放映していた。1、4、6、8、10、どこを見ても内容は同じなのに、民間はコマーシャルが入るほかは、解説者がそれぞれ違うぐらいで、相撲そのものが変わるわけはない。佐久間ダムができると、相撲シーズンの奇数月の一五日間は、午後三時にテレビ放送が始まると、佐久間ダムの水位をグッと下げたそうである。いかにも当時のテレビ人気がわかる。もっとも、テレビの普及率はその頃まだ低く、私たちはテレビを見るのに、広場へ行ったり、喫茶店へ行ったりしていた。佐久間ダムは、日本の電力にいろいろな面で貢献した。電力不足の日本も、佐久間ダムだけではなかったが、それに大いに力づけられたと思われる。

先ほど述べた佐久間ダムの記録映画を見た昭和三〇年代の大学土木工学科入学者のなかには、「これはやりがいのある仕事だ。日本の国土復興に役に立つ」ということで、土木工学科を志した方が相当数おられた。その映画を提案した佐々木良作が大蔵省に呼ばれて大目玉をくらった。「電発は発電所をつくって電気を生産するところではないのか。映画をつくるとは何事だ、そんな映画の費用を電発の費用から出してはならん」というのだった。佐々木は大変驚くと同時に、役人の頭の固さに憤慨したが、「それなら自前でやりますよ」と応え、この佐久間ダムの映画を有料の映画館で放映できるようにしたのである。これは佐々木氏の手腕です。この映画は、一部、二部、三部とあるが、全国の観客動員数は、第一部が三〇〇万人。第二部二五〇万人。第三部三〇万人であった。興行的にも大成功で、映画に要した費用を遥かに上回る収益があった。そこで、大蔵省へ行って、「大変儲かりました。この余ったお金は国庫へお返ししましょうか」というと、大蔵省は「いやいや、電発は映画をつくるところじゃない」と、この状況でも「そんな金は受け取れん」というので、「そうですか、それならこちらで使いましょう」、「いやいや、それもいかん」

というやりとりがあった。幾分オーバー気味かもしれないが、佐々木の手記にはそう書かれている。興行的にも大成功というのが嬉しい。観客は、土木工学科を希望した者のみならず、三〇〇万人以上に達した。土木の仲間内だけで褒め合っていてもしょうがない…とまでは言わないが、やはり一般の世論が支えることがいかに大事であるかを佐々木は知っていたのである。しかし、大蔵省の役人にはわからなかった。

佐々木は、やがて電発を辞めるが、先ほどの入札で一〇億円節約し、この映画の記録を残したことがよかった。映画をつくるとき、佐々木は岩波映画に注文した。「これは電発の宣伝映画ではない。だから、電発の重役の顔を大映しにするようなことは絶対やめてくれ。記録が大事なんだ」と。また、「沈む人たちの悲哀の叙情詩みたいにしてもらっては困る。記録そのものを撮ってくれ」である。私もその記録映画を見たが、迫力がある。岩波の方に聞くと、初めて工事の切羽までカメラを突っ込んだ。全断面掘削のジャンボの切羽に臨んでいる場面は迫力があった。この映画は、解説が芥川比呂志、音楽が芥川也寸志と、芥川龍之介の二人の息子さんたちが担当している。映画としても素晴らしく、東南アジア映画コンクールのグランプリを始め、たくさんの賞を受賞した。電発、ダム技術者のみならず、多くの日本国民にダム技術を伝えた効果は非常に大きかったと思われる。

佐久間ダムは、単にダム技術の革新だけではなく、日本の土木工事をすっかり変えてしまった。やがて日本は、高度経済成長時代に入り、ダムのみならず高速道路、新幹線、地下開発と、いっせいに土木事業を推進していく。佐久間ダムの土木機械は、さしあたり秋葉ダムへ行くが、自信を得た日本の土木事業者は、その後、ダムのみならず、あらゆるインフラ工事に、この大型土木機械を十二分に使えるようになった。高度経済成長は、そのインフラ整備が大きな役割を果たしたと思われる。その扉を開いたのが、佐久間ダムである。

昭和五六年一二月三一日、永田年は八四年の生涯を閉じた。その翌年の正月に葬儀が行われた。その葬儀のとき、冬だというのに夏の夕立ちのごとく雷雨が激しく降った。それは暴れ天竜を治めた男の葬儀に相応《ふさわ》しかったと、田村喜子は永田年の伝記の最後を締めくくっている。

小河内ダムに学ぶ

佐久間ダム完成の翌年に完成した小河内ダム。佐久間ダムとは正反対の経過をたどる。佐久間ダムはたった三年でつくり、大型土木機械を使ったこともあり、大変人気が高い。一方、小河内ダムは、そもそも構想が始まったのは大正一五年までさかのぼる。当時東京都は、利根川を開発するか、相模川か、あるいは多摩川かを検討するなかで、結局他の県にダムをつくるのが困難だったので、昭和七年の東京市会で多摩川に小河内ダムを建設することを決定した。

小河内ダムの功労者は大勢おられるが、挙げるとすれば、私は小野基樹と佐藤志郎だと思う。小野基樹は、昭和七年の東京市会が決める前から、昭和初期に一五〇メートル級のダムをつくろうと考えていた。当時の日本の最高のダムは大井ダムの五三メートルであった。大正末期に完成し、福沢桃介が力を注いだダムである。日本で最初に五〇メートルを超えたダムであった。庄川の小牧、祖山は昭和八年頃だから、その前の段階で一五〇メートル級のダムを、最初に考えたのは小野基樹と思われる。昭和七年に東京市会を通った

小河内ダム

が、工事着工は昭和一三年であった。二ヶ領用水の水利権の調整に六年を要した。

二ヶ領用水の誕生は、なんと慶長二（一五九七）年だった。それから五五年を経て東京の玉川上水のために水を取る。これで下流の二ヶ領用水は憤慨する。なんの連絡もなく上流から東京へ水を持っていくのは、けしからん。その頃から二ヶ領用水と東京都の紛争が始まっていた。二ヶ領用水の受益者にとっては、羽村堰から水を取る東京はけしからんのである。取水のために最初は蛇籠でつくっていたのだが、明治になりコンクリートになった。取水効率がよくなる。それで二ヶ領用水の不満が募る。二ヶ領用水に何らの相談もなく羽村堰をコンクリートで固め水を取りやすくした。全くけしからんというのが二ヶ領用水の立場である。そこへさらに小河内ダムができる。当然羽村堰の取水条件はよくなる。これは二ヶ領用水としては簡単に飲めない条件である。二ヶ領用水の神奈川県の了解を得るのに約五年かかった。東京都が最初何回も神奈川県に手紙を出したが、一切返事がない。返事をして反論するというのではなく、一切応じないという姿勢であった。結局、最終的には内務省が仲介に立ったが、それによって工事の着工が非常に遅れたのである。

昭和一三年から工事が始まったが、今度は戦争が始まる。昭和一八年に工事は中止されてしまった。まず、労務者がいなくなる、それから小河内ダム担当者が村山・山口貯水池の防空対策に駆り出される。戦争中のため、機械も徴収される。当事者はさぞや悔しかったことに違いない。

そして敗戦。日本は大変哀れな状況にあった。水道局は、せっかく途中まで工事したんだから、なんとか再開して早く小河内ダムをつくらねばと思ったが、なかなかスムーズにはいかない。反対が多かったのである。都議会でも、一般でも、たくさんの投書があったそうだ。日本が貧乏なとき、ダムをつくるよりもっと先にすることがあるではないか。戦災復興と頻発した水害対策が多かったから、そちらへ金を回せ。もう少し東京都の財政が豊かになってからでいいではないか。この財政の厳しいときに、第一、東京都はまだ四〇〇万人しかいない。そんな世界的規模の水道ダムはいらない。都議会で大変熱っぽい議論があった。

水道局の方々は、それでも懸命に頑張って、昭和二三年にはどうやらダム工事を再開させた。今度はＧＨＱが立ちはだかる。サンフランシスコ条約は昭和二六年、つまり昭和二〇年から二六年の間、日本は占領されていた。占領とは、外国軍隊がいるだけではなく、あらゆることにＧＨＱの許可が必要であった。当時、東大でコンクリートの教授をしておられた吉田徳次郎は、コンクリートの大家であり、土木学会には現在吉田賞という、コンクリートの工学や技術に貢献した人に毎年贈られる賞がある。吉田徳次郎の功績を讃えてこの名称になっている。私は吉田に直接聞いたのではなく、吉田の一番弟子である國分正胤から伺った。「吉田先生は苦労したようだよ」。つまり、ＧＨＱにダム施工の細かいことまで説明して了解を得なければならなかった。ＧＨＱのエンジニアは、たぶんコンクリートに関して吉田徳次郎よりレベルが低かったであろう。しかし、相手は権力があった。対等の議論ではないのである。

昭和二五年、ＧＨＱ総司令部の天然資源局が、アメリカから地質学者を呼んだ。ワシントン大学の地質のクームズ教授である。ＧＨＱは主導権があるわけだから、ダムの地質、ダムの施工をチェックする。そこで大討論が起きる。戦後、ドッジ旋風とかイールズ旋風など、いろいろな旋風が起こったが、だいたい有力なアメリカ人が来ると旋風が起きる。ダムではクームズ旋風が起き、いろいろ注文をつけられた。「日本はそんな高いダムをつくったことがないだろう。俺たちはたくさんダムをつくったから教えてやるぞ」とまではいわなかっただろうが、いろいろ注文をつけたのは確かである。また、その随員で来た水理学者も同様に注文をつけた。

一つひとつは挙げられないが、たとえば多摩川の洪水流量、小河内ダムの余水吐のキャパシティについて、さまざまな注文をつけた。一五〇〇立方メートルでは小さすぎる。二世のジョージ・ヒラツカは、日本の河川の洪水流量を調べて、各河川の最大流量の包絡線を画いた。そうすると、多摩川では五〇〇〇トンの大洪水もあり得る。もっと計画流量を多くして、ダムの余水吐のキャパシティを多くしろというので、水道局も折れ、一五〇〇トン、そして安全率二割。だから、小河内ダムの余水吐は一八〇〇トンまで流せる。それもアメリカのおかげとでもいうのだろうか？　そういう状況下、吉田徳次郎氏もコンクリートの混合比までいちいちＧＨＱに行って了解を得なければならなかった。「敗戦国というのは情けないものだ」と吉田は述懐していた。

つまり、小河内ダムのできるまでの歴史は、日本の悲惨で困難な歴史そのものの反映であった。ニヶ領用水との紛争にしても、きわめて日本的な水利権論争である。それは江戸時代からの歴史の産物でもあった。そして戦争になり、工事は中断する。戦後もなかなか再開できない。やっと再開したらＧＨＱの支配下にあった。そういう日本の困難な時代の象徴のような、難しい歴史をたどったのが小河内ダムであった。五〇年ほど前の一一月二六日が竣工式であった。

しかし、小河内ダムの悲運はそれで終わりではなかった。昭和三三年には狩野川台風、昭和三四年には、八月に台風があり、九月は伊勢湾台風が多摩川上流域に大雨をもたらした、水害も起きたから幸いとは言えないが、これで小河内ダムも満杯になった。しかし、昭和三四年の伊勢湾台風以後、台風が多摩川上流に大量の雨をもたらさなくなった。それに加えて、三七年、三八年、三九年と空梅雨が続いた。それで昭和三九年、東京オリンピックの年に、小河内ダムはあらゆるマスコミの標的にされた。ダム湖が底をついてしまったのである。オリンピックのプールの水はどうしようか、今年は東京は水不足だから、水泳競技は中止というわけには、日本の面目をかけてもいえない。神奈川からどうやって持ってくるかなど、いろいろ議論があった、そのときのマスコミはいっせいに東京都水道局を叩き、「そういうときのために小河内ダムをつくったんだろう。しょうがない（小河内）ダムと読め」などさんざんからかわれた。それは小河内ダムには気の毒だと思われる。大きな財布を買えば金持ちになれるわけではない。収入が減れば、いくら立派で大きな財布を買っても――小河内ダムを財布にたとえるのは失礼かもしれないが――奥多摩湖は、つまり雨が降らなければ全くしょうがないのである。

一方、三〇年代に入って、東京都の人口は増えていった。ということは、水需要はうなぎ上りに増えた。いくら立派な財布を買っても、収入が減り、支出が増えれば、空になるのが当たり前な話だ。当時のマスコミの論調を見ると、「なぜもっと早く次のダムをつくらなかったのか。なにをノソノソしておる」というものだった。なにか最近の論調と正反対であるが、そもそもマスメディアというのは刹那主義であり、そのほうが読者も喜ぶのだろう。そういうことで、小河内ダムはまたもやご難であった。ところが、昭和三九年八月二〇日から平常どおり雨が降り始めた。おかげで東京オリンピックは幸いにして東京の水でプールを満たすことができた。開会式は一〇月一〇日だった。そのとき奥多摩湖は満杯に近づいていた。小河内ダムは大いに役立ったのである。

その後も、水質問題やら冷水問題など、これは小河内ダムに限らずどこのダムも苦労した。小河内ダムは建設前、建設中、の苦難の歴史、そして建設後も苦労の連続で、当事者は大変だったと思われる。

先ほど申し上げた小野基樹は、京都大学の土木を明治四三年に卒業し、昭和一八年に東京都をリタイアされたが、それまでずっと小河内ダムに関わってきたから、その後も小河内ダムに関する顧問をし、貴重な意見を述べておられた。

その後を継いだのが、佐藤志郎である。佐藤は、若い頃から課長、所長、水道局長を歴任し、小河内ダムにずっと携わり、戦後も一貫して小河内ダムに一生を捧げた。私は、東大の先輩教授と完成間近い小河内ダムを見学させていただき、佐藤志郎にご案内いただいた。その後も一、二度パーティーで会ったが、佐藤の案内をいま思い出すと、大変な使命感に満ちておられた。小河内ダムに対して、自分の命を投げ出すような熱情と、小河内ダムで苦労した話と同時に、それを解決する手段を必ず話していただいた。小野基樹、佐藤志郎だけではないが、トップにおられ、しかも一生を捧げたこのお二人に敬意を表したい。

佐藤志郎は、その後、昭和三五年に『東京の水道』という名著を出版している。これは江戸時代以来の東京の水道、下水道の歴史を述べているが、特に熱を込めているのは、もちろんで、いま私が話したクームズ旋風や、戦後の再開反対意見などは、全部佐藤氏の本からの受け売りである。しかも単なる工事報告ではなく、主観も入ってその苦心のほどが行間からあふれ出ている。それを読んでいると、佐藤氏に会った短い時間で感じた情熱を感ぜざるを得ない。小野基樹氏は『水到渠成』(昭和四八年、小野秀樹編)という名著を出版した。「東京の水源、多摩川と共に六〇年」という副題がついている。この二人の名著を読むにつけ、小河内ダムは、大変数奇な運命をたどり、しばしば中断になりそうな危機を迎えながらも、さまざまな苦労を乗り越えた歴史を知ることができる。佐久間ダムとほぼ同じ一四九メートルの高さが、佐久間ダムより一年遅れたことは、佐久間ダムの華々しい映画その他によるＰＲに比べると、一般の人への理解には不利であった。昭和の初めから、日本の困難な昭和史とともに歩んだ小河内ダムの苦難の歴史は、日本の悲劇を全面に味わいつつ、技術者の熱情を吐露した苦しくも誇り高き足跡である。

これからの時代に先輩から何を学ぶ

戦前はもとより、昭和二〇年代から三〇年代にかけての土木技術者のリーダーは、熱烈な気概と責任感に満ち満ちていた。永田、佐藤はその典型である。ダムだけではなく、鉄道でも高速道路でもあらゆるインフラの建設に、二〇年代から三〇年代にかけての私たちの大先輩は、日本が初めて味わった敗戦のショック、これを立て直すのは土木技術者であるとの自覚に満ちていた。昭和二〇年代後半の常識では、佐久間ダムは、一〇年かかる。それを三年で仕上げるために、永田は燃えたのである。それは敗戦の屈辱から日本を立ち直らせるという思いだった。だからこそ、佐久間ダムや小河内ダムで切り拓いた扉によって、日本の昭和三〇年代は素晴らしい土木黄金時代を築きあげた。

土木学会の六〇周年記念事業の一環で、私は司馬遼太郎に初めてお目にかかり、対談の機会があった。昭和四九年一一月一一日、大阪のプラザホテルでのことだった。これは翌年の新年号の「土木学会誌」に掲載されている（会誌に載るときは、かなり省略されていたが）。そのとき、司馬さんに佐久間ダムの話をした。いま、土木事業は波に乗っているという話をした。司馬さんが「ああ、日本の土木技術者は、有史以来初めて奴隷を使うことができたんだな」と。奴隷とは、アメリカの大型土木機械である。世界の土木事業者は、産業革命以前は、だいたい大量の奴隷や捕虜、囚人を使ってあれだけの大事業ができた。日本は、そういう大勢の奴隷を持ったことはなかった。戦争に勝ち、何万人もの捕虜を使うこともなかった。だから、大規模土木事業はできなかった。ところが、日本の土木技術者は、初めてアメリカの大型土木機械という奴隷を使って、素晴らしい仕事を次々仕上げている。司馬は、「いまは土木黄金時代だな」と、また土木技術者興奮時代とも名づけたが、暗にいずれ反動が来るというのが、司馬史観であろう。ある意味では、その後の土木事業の不振を司馬が予感していたのかもしれない。

石川達三の『日蔭の村』という名作がある。小河内ダムによって沈む小河内村の人たち、その首長の奮闘、多数の利害関係者の間に欲や駆け引きが絡んで小河内村は大混乱する。その状況を実例を通して描いたのが、『日蔭の村』で、最後に小河内ダムの工事が始まる。あの静かな小河内村が、いまは騒音の渦に巻き込まれる。石川達三は、「山峡小河内の閑寂な昔の姿は、見るかげもなく、とって代わったのは騒音の渦であった。都会文明の勝利の歌、機械文明のかちどきの合唱であった」。最後の締めの言葉である。

都市と農村の対立は、いつの世にもあるが、ダム建設を契機に至るところでその対立が沸き起こってきた。それがダム建設の社会問題であると石川達三は投げかけたのである。このダムができてから五〇年。ダムの評価も非常に変わってきた。最近は新聞やテレビでダムが話題になると、無駄なダムをつくっている、環境破壊だという。公共事業バッシングである。一般の人がこういうニュースを受けて公共事業はほとんど無駄であるような錯覚に陥っているのではないだろうか。小河内ダムや佐久間ダムの時代は、日本を欧米先進国並みにしようという熱意、荒廃した国土を立て直して、立派なインフラをつくろう、そういう背景のもとに佐久間ダムも小河内ダムも建設された。私は昭和三三年から約一年間、フランスのグルノーブルに留学していた。地方新聞を読んでいると、日本の記事は滅多に出ない。日本の記事が大きく出たのは、皇太子ご成婚と伊勢湾台風であった。グルノーブルは、水力発電に大変理解と関心がある。その地方新聞に、黒部ダムが紹介された。日本人は人跡未踏の土地に挑んでいる。日本のエンジニアは立派である。締めくくりがフランス人らしい。「日本はアメリカのチューインガムに圧倒されなかった」。

時代は変わった。インフラさえ造ればいいという時代ではなくなりつつある。インフラも単なる先端技術の評価ではなく、社会へ与えた長期的影響である。そのダムによる水没地域は？　環境問題は？　その点でも日本は先頭に立ちたいと思う。そのときに、永田年や佐藤志郎の責任感と、あの闘志に学ぶべきことがあるに違いない。佐久間ダムの快挙は、敗戦に打ちひしがれていた日本人に活を与え、日本の技術者の不屈の生きざまを世界に示した。小河内ダムは、昭和の苦難の時代を共に生き、その辛酸を日本の運命とともに味わい、苦境にもめげず、粘り強く闘い抜いた日本の技術者魂を日本の技術史に刻み込んだ。昭和二〇年代、三〇年代と現代は違うが、その責任感と使命感、それをつくることは社会と大衆のためである、日本の国土のためという自覚、そしてそれを現代の時代感覚のもと、庶民にその意義を知ってもらう工夫をしなければならない。インフラ建設に大多数が満足する時代は終わった。日本のインフラがアジア、あるいはグローバルな視点からの社会的評価に耐えること、将来の文化遺産の有力な候補となること。それは具体的になんであるかを探ることが、この偉大な先輩たちから得られる今日的教訓である。

8 自然環境共生技術と開発

——自然への理解に基づく国土哲学の提唱——

［講演録］自然環境共生技術協会通常総会 特別講演、二〇〇九年六月

自然環境共生技術協会は、二〇〇二年に自然再生促進法が制定されたのを機に設立された。環境省自然環境局の肝入りで誕生した同協会とは、従来縁が深かったためか、私が初代会長を二〇〇九年まで務めた（現在、名誉会長）。その縁で、二〇〇九年退職の際に講演を行い、二〇一一年には、三月一一日の東日本大震災に際して、特別講演を引き受けた。

東京大学退官の際の最終講義は一九八七年、その後一一年勤めた芝浦工業大学での最終講義は一九九八年である。今回は、ＮＥＣＴＡ（社団法人自然環境共生技術協会）に六年勤めたので、三度目の最終講義と勝手に解釈し、下記のとおり進めていく。

① 開発と地球環境
② 自然共生と開発
③ 自然としての川
④ 日本人の自然観
⑤ 確固たる自然観を養う
⑥ 国土哲学の基礎

開発と地球環境

・過度な急開発が地球環境の危機をもたらした
・産業革命以来の開発の蓄積
・第二次世界大戦以後の急開発が気候変動の直接原因

二〇〇七年のＩＰＣＣ（Intergovernmental Panel on Climate Change：気候変動に関する政府間パネル）の第四次評価報告書が全世界で大きな話題になった。ＩＰＣＣは一九八八年から第一次、第二次、第三次と報告書を出している。第一次報告、第二次報告を出したときは、報告書を山と積んでも、きわめてわずかな人が持っていくだけで、資料は大変余ってしまったが、第四次はその資料がたちまちなくなり、増刷を繰り返したそうである。第四次は、一次、二次、三次と比べると特別扱いである。その根拠は、従来より遥かに科学的に精度が高くなり、最近の状況を踏まえたモデルで、そのもとになる地球上のメッシュも、最初に真鍋淑郎が数値気候モデルをつくった頃は数百キロ四方のモデルだったのに対し、いまでは一〇キロ四方である。さらに当事者はいま、一キロ四方まで精度を上げたいとしているが、これは容易ではない。そうなると、台風の進路やその他の予報も相当正確になると気象学者は言っている。

一昨年のＩＰＣＣ報告が、なぜあれだけ大きく報道されたのか。私の見解では、一昨年はノーベル賞が効いたと思われる。世界的にはノーベル賞に匹敵するいろいろな学術賞があるが、ノーベル賞は非常に高く評価され、ノーベル賞については、日本に限らず、どの国のどの新聞も一面トップで扱う。ノーベル賞に匹敵する、たとえば数学のフィールズ賞などあるが、他の賞は一般の人にあまり知られていない。ノーベル賞は、物理学、化学、生理・医学、文学、経済、そして平和賞がある。その平和賞は、しばしば物議を醸すが、一昨年、ゴア元副大統領とＩＰＣＣがそのノーベル平和賞を受賞したのは、大ヒットだったと思われる。だからこそマスメディアも非常に大きく扱い、多くの人が注目したのである。

地球環境がおかしくなった基本的原因は、人間の地球に対する働きかけが、産業革命から変わってしまったからである。それ以後、人口も急激に増え、地球の様子は変わってしまった。開発謳歌時代である。産業革命以来の自然科学技術の発達に基づくさまざまな発展が、私たち人類の生活を大変豊かにしたが、産業革命以来、人間と地球の関係は変わってしまった。開発はつねに謳歌され、特に第二次世界大戦以後の開発は、それまでの開発とは桁違いに大きく、これが先進国、途上国を問わず、地球を大変傷めつけた。大局的に見て、その反動が地球環境の悪化だと私は考えている。開発と自然環境は密接な関係にあり、開発はだいたい短期的視野での効果を優先する。最近のように cost-benefit ratio（費

ＷＣＤ（世界ダム委員会）
ＷＣＤは大型ダム反対の声に対応して、世界銀行と国際自然保護連盟（ＩＵＣＮ）によって一九九八年五月に設立された。ＷＣＤの役割はこの二組織の諮問機関と位置づけられ、紛争調停機関ではなく、法的拘束力はない。事務局は南アフリカ共和国ケープタウンに置かれ、一二

用便益比）が評価されているとはいえ、一〇〇年先の費用便益など誰も計算できないし、特に政府が考えるのは、せいぜい一〇年先であり、そういう単位で考えたcost-benefit ratioが基準になっていると思われる。

私は、一九七九年から毎年、中国へ川見物に行ったが、中国人のものの考え方は日本人とだいぶ違うとつくづく思う。黄土高原へ行くと、緻密な計画ではないが「ここを二〇〇年後には大森林にしてみせる」と彼らはいう。日本で二〇〇年先にこうするといっても、「なにをいってるんだ」とバカにされるだろう。ところが、あの広い面積の黄土高原では、すでに盛んに植林活動が行われており、一〇〇年後にはなんとか目途がつき、二〇〇年後には相当見られる森林になるだろうと、評論家がいうならともかく、お役人がいう。お役人がいえば、必ず責任を持つとは限らないが、ひとつの理想的目標で、決して根拠のある数字を積み重ねたものではない。

第二次大戦後、中国は毛沢東政権になって二万二〇〇〇以上のダムを建設した。ここでいうダムは高さ一五メートル以上のものである。世界で一番多数のダムを建設したのは中国である。ダム建設が毛沢東以後の国土建設の基礎だと彼らは言う。ダムと環境問題で、一九九八年にWorld Commission on Dams（世界ダム委員会）が設けられ、その報告書が二〇〇〇年に発表され、統計的な資料も整備された。ダムは、中国、インド、そしてアメリカで多く建設されている。ダムが多いのは、アジアでは、中国、インド、それから日本である。したがって、ダム委員会の報告は、環境と開発の関係について一種の妥協案を出し、環境重視を条件にダム建設を認める、ある程度玉虫色にならざるを得なかったものと思われる。これにいち早く猛反対したのが中国とインドであった。中国が今日あるのはダムのおかげという思いがある。それを建設するときに、環境への十分な配慮を絶対条件

> 人の委員をダムの支持者と批判者から平等に選び、議長に南アフリカ共和国文部相のカデール・アスマル教授が選出された。その委員には、アメリカから世界大ダム会議議長のジャン・ベルトラップをはじめ三人、インド人二人などがいる。
>
> 　五大陸八カ所の大型ダムについてのケーススタディ、五六カ国一二五大型ダムの簡単な調査など四回の公聴会を経て、二〇〇〇年一一月、ロンドンにてネルソン・マンデラにより最終報告を発表。報告者発表後、中国と世界大ダム会議は正式に拒否、なおWCDは、一九九七年にスイスのグランドにて世銀とIUCNが、大討論会「大型ダムと環境」を開いたことが契機となっている。私は、議長のアスマル教授の講演を拝聴したが、まれに見る名調子であった。のちにこの功績が評価され、ストックホルム水大賞を授与されている。
>
> 　WCDでは、ダムに関する世界大ダム会議などの諸資料を整理し、そのなかで世界のダム数（堤高一五メートル以上）を国ごとに推定している（表参照）。

国　名	ダム数	世界の中の比率（%）
中国	22,000	45
アメリカ	6,575	14
インド	4,291	9
日本	2,675	6
スペイン	1,196	3
カナダ	793	2
韓国	765	2
トルコ	625	1
ブラジル	594	1
フランス	509	1

にしてはダムはできないと、まず中国が反論した。世界大ダム会議の日本委員会も反対声明を出している。

第二次大戦後、先進国も途上国も激しく開発が進んだ。世界銀行の援助や日本もＯＤＡで巨額の開発援助を行ってきたが、先進国、途上国を問わず、ダムなどを開発してきた。それによって途上国は生活水準が非常に上がった。もちろん格差は広がった。これについては、いろいろ意見があるだろうが、大局的に見れば、ずいぶん地球を傷つけたと私は思う。第二次大戦以後の開発は、ダムに限らずそれまでに比べて桁外れに大きかった。それが気候変動の直接原因のひとつと考えられる。

一般に「気候変動」といっているが、原文は「Climate Change」で、「変動」という言葉はまた元へ戻る感があるから、「気候変化」と訳すべきであるという人もいる。「変化」というのは変わることだから、私も「気候変化」といったほうがいいのではないかと思う。要するに、産業革命以後、最初は徐々にではあったが、特に第二次大戦以後、全地球に猛烈な開発が行われた。開発が進んだから生活水準が上がった。その影響もあり人口も増えた。それがまた地球環境の変化をもたらすひとつの要因だったというのが私の認識である。

自然共生と開発

・無秩序な開発が自然を破壊
・開発のあるべき姿が自然共生

・自然の理解が基本条件

世界には国際河川が約二六〇ある。国際河川では、その利用に関する紛争が多く、建て前では国際河川沿いの隣国のことを考えることにはなっているが、だいたいにおいて本気では考えないことが多い。

一番身近な例が漢江《ハンガン》である。北朝鮮からソウルへ流れ、南北国境警備隊が護る河道部分を通って、黄海へ出る。約三〇年前に北朝鮮が漢江にダムを建設した。韓国は猛反対した。あのダムを満杯にしておいて、いざというとき放流してソウルを沈める目的でつくったと反発し、それを受ける「平和のダム」をつくろうとした。北は、発電目的のダムであり、ソウルを沈めるダムと疑うのはけしからんと反発し、それがまた紛争の種になった。一度南北で話し合いが始まったが、どうも本気の話し合いはしていない。

国際河川をめぐる争いは、世界の至るところにあり、どこも自国の利益を優先し、隣の国のことは本気で考えない。ダムに限らず、隣の国や流域全体を考えない河川開発は、無秩序な開発になりやすく、自然を破壊する原因になるのである。

自然共生を十分配慮した開発こそ、開発のあるべき姿である。自然共生技術は、他の技術と別にあるのではなく、自然への開発は原則としてつねに自然共生であるべきだ。つまり、開発は自然共生に根本理念を置くべきである。そのためには、自然を十分に理解できていないと、自然共生は成り立たない。

自然としての川

・川は物理的かつ社会的存在
・河川工学の役割
・川とはなにか
・川と開発
・川との共生のあり方

川は自然の一部である。人類がこの地球上に現れる前から川は在る。土木工学科学生は、河川工学、鉄道工学、道路工学、港湾工学などを教わる。鉄道工学は、プロジェクトを含め、鉄道をどうつくるかであり、道路工学は道路をどうつくるかだ。トンネルを困難な地質のところにどう効率よくつくるかがトンネル工学である。それと同様に、河川工学は川をどうつくるかであると、学者も行政も、明治以来錯覚を起こしていたのではないか。河川工学は川をつくる技術ではない。鉄道は日本ではやっと明治五年から始まった。明治以来の土木工学において鉄道工学は最重要だった。明治時代の社会資本で政府が一番投資したのが鉄道である。その次が、だいぶ額は違いますが、河川改修であった。明治三三年に神戸の水道用に布引・五本松ダムが完成するが、五〇メートル以上の大ダムができたのは大正の終わりからである。

川はもともと自然の一部であるから、自然である川とどう共生するか、つき合っていくかが河川工学の役割である。人間が川にに干渉していろいろな工事をしてきたので、川はきわめて社会的存在となった。にもかかわらず、明治以来、これは他の工学にもいえることだが、つくること自体に専念した。川にどのように堤防をつくるか、ダムをつくるかが河川工学の基本になってしまった。

川とはなにかという場合、川は自然の一部だということが第一に認識されなければならない。つまり河川との共生の技術であってこそ、川の開発は成り立つ。一方、川はきわめて社会的存在でもある。「河川文化」という言葉もあるように、そこに生活する人たちが、川の恩恵に浴している。昔は舟運や、あるいは川から水を引き、農業や工業に使っていた。これらは川が社会的存在たるゆえんであり、川を中心に文化が生まれたのである。

鉄道ができる明治初期までは、ひとつの流域には自《おの》ずから流域文化があった。上流の木材を下流に流して、下流で家具工業が発達した。明治初めまで、多くの川の上下関係は深かった。典型例は筑後川などであろう。上流に小国杉や日田杉といった立派な杉材があり、その木材を筏で流し、下流の大川では家具工業が発達した。そして下流の人たちは、上流へ魚を届けるという流域文化があった。河川工学というのは、川との共生のあり方そのものであり、自然に手に入れる開発は、すべて自然共生であるべきだと認識している。

私が大学のときに教わったのは、もののつくり方であり、その基本としての力学だった。どう設計し、施工するか。そのためには力学が基礎となる。必須科目は一般力学、構造力学、材料力学、土質力学、水理学とあり、本来、力学ができないと工学部は卒業できないはずである。ところが最近では、大学のなかには、工学部に入っても、小学校五年の分数計算さえできない者がいると聞く。情けない工学部の学生もいるようだ。

日本人の自然観

自然共生、河川の共生、いずれも自然をどのように認識するかが基本である。日本人の自然観については無数の文献がある。ここでは私が直接経験したことについて紹介する。

まず、志賀重昂の一八九四（明治二七）年発行の『日本風景論』である。明治のベストセラーは、福沢諭吉の『学問のすすめ』と志賀重昂の『日本風景論』である。ベストセラーといっても、明治初めのことなので何百万部も売れるということではないが、当時のインテリは福沢諭吉と志賀重昂をかなり読んだようである。

志賀重昂は幅の広い地理学者であった。世界至るところを旅行している。航空機、高速鉄道もない明治時代に、大変だったと思われる。

私は二〇年ほど前、東京都の隅田川未來像委員会終了後、アメリカの水辺を数カ所見学し、テキサスのサンアントニオに行った。サンアントニオ川は、当時河川の文化開発で評判の川だった。周辺を散歩していると、そこに日本人会が立てた記念碑があり、志賀重昂がここへ来た記念碑だった。志賀重昂は明治の初めにここまで来たのだった。幹線の大陸横断鉄道は明治の初めにはできているが、アメリカでも全国的にはまだそんなに便利な時代ではない。志賀重昂は、なんとアラビア半島や太平洋の島々にも旅している。志賀重昂の記念碑があったので、ここまで来ていたのかと感嘆し、散歩に同行していた若い人たちに「志賀重昂はここまで来ていたのだな」と言ったら、「志賀重昂ってだれ？」と返ってきた。

志賀重昂の『日本風景論』は、世界を旅し、研究して、その上で日本の特徴を述べている。たとえば、火山、地震、台風。これは日本人共通の認識だが、そこが外国とは違う。

志賀重昂（一八六三〜一九二七）

地理学者、愛知県岡崎生まれ。札幌農学校にて内村鑑三、宮部金吾、廣井勇らと同級。一八八六（明治一九）年、オーストラリア、ニュージーランド、フィジー、サモア、ハワイなどを軍艦筑波に便乗して旅し、翌年『南洋事情』を出版。三宅雪嶺らと政教社を設立。雑誌「日本人」を刊行する。一八九四（明治二七）年、『日本風景論』を刊行、福沢諭吉の『学問のすすめ』とともに明治前半のベストセラーとなる。一八九七年農商務省山林局長、一八九八年マーカス島を東京府管轄とし、南鳥島と名付ける。一八九九年中国横断、一九〇二年衆議院議員当選二回、日露戦争従軍、一九一〇〜二二年『世界山水図説』、『しられざる国々』を刊行、英国王立地学協会、ブラジル地学協会名誉会員。

『日本風景論』

明治二七年、日清戦争開戦の年、当時日本人に著しい影響を与えた。主な章は、日本には気候、海流の多変多様なること、水蒸気の多量なること、火山岩の多々なること、付録には登山の気風を興作すべし、日本には流水の浸食激烈なることなど、日本の自然特性を初めて示している。

雨の多いこと。季節によって気候が違うこと。それと植物・動物との関係。日本の特徴を解説している。国立公園的な優れた風景を紹介しているのではなく、日本が他の国と比べてどういう自然界の特徴があるか、それが日本風景の基本であることを述べている。志賀重昂がこれを書くまで、多くの日本人にとって、地震があり、火山があり、台風があり、そして四季の春夏秋冬の変化があるのが、日本の特徴とは、決して一般的常識ではなかった。これは日本人の自然観を形成するのに画期的な書であった。大室幹雄はその詳細な解説をしている[*1]。

徳富蘆花の『自然と人生』は、彼は文学者なので地理学的な書ではない。日本の自然の特性を観察によって書いている。私が一番最初に買った岩波文庫は、この徳富蘆花の『自然と人生』と、漱石の『坊っちゃん』、中学一年のときだった。『自然と人生』の初版は一九〇〇（明治三三）年だが、岩波文庫になったのは昭和八年。私が買ったのは昭和一三年だから、かなり版を重ねている。中学一年の当時は、自然の観察力というものはわからなかった。俳句や和歌は国語教科者で教わってはいるが、この書は自然の見方、日本の自然の多様性を教えてくれた本である。兄に徳富蘇峰がおり、兄弟で思想が違うことも有名で、兄は皇室中心の国家主義思想の憂国の志士であった。

和辻哲郎の『風土——人間学的考察』（昭和一〇年）は、画期的な文献である。同じ年、『寺田寅彦随筆集』の中に「日本人の自然観」が発表されている。私が旧制高校で一番熱心に読んだのは夏目漱石全集と寺田寅彦全集だった。これは私のものの考え方に非常に大きな影響を与えた。漱石全集では、日記が面白かった。寅彦ももちろん優れた随筆があるが、日記や書簡集にはその人の性格や、人間味があふれていて興味深い。

「日本人の自然観」は、文庫本だと四〇ページほどで、そんなに長い文章ではない。こ

*1
大室幹雄
　歴史人類学者。一九三七年生まれ。日本の風景は最優秀と説く『日本風景論』は、近代日本の精神史を風景の特性から説いた解説書であるとした。
　「志賀重昂『日本風景論』精読」二〇〇三年、岩波現代文庫を著す。

徳富蘆花（一八七八〜一九二七）
　明治・大正の作家。蘇峰の弟。熊本県生まれ。キリスト教の洗礼を受ける。『自然と人生』他多くの小説を発表。一九〇六年聖地巡礼の旅でパレスチナからロシアへ。尊敬していたトルストイを訪問する。帰国後北多摩の農村に永住。

和辻哲郎（一八八九〜一九六〇）
　倫理学、哲学、文化史家。東大卒業の翌年（一九一三年）漱石に会い、その影響を受ける。ニーチェ研究から『日本古代文化』、『古寺巡礼』など相次いで発表。一九三五年の『風土』を始め倫理学全三巻の大作を発表する。『風土』は『日本風景論』、柳田国男の『豆の葉と太陽』とともに近代日本風景批評史上名作といわれる（大室）。

れは一九三五（昭和一〇）年の秋に書かれているが、この「日本人の自然観」には、同じ年に出た和辻哲郎の『風土』について、こういうことを書く哲学者に非常に感銘を覚えたと述べている。寅彦も和辻の『風土』には多分に影響を受けたと思われる。

寅彦もヨーロッパの旅で、一般庶民が地震とか台風を全く知らない国が多く、四季の変化など、寅彦も和辻も基本的には日本の自然を讃えている。

四季は温帯に行けば世界どこにもあるのではなく、北ヨーロッパでは、夏が終わると冬が来る。つまり、日本の秋がないのである。Autumnという言葉はあるが、日本のような長い、味わいのある秋はヨーロッパにはない。秋だけではなく、台風や梅雨、これが日本人の自然観に大きな影響を与えている。

オギュスタン・ベルク（Augustin Berque）が、一九八五年から日仏会館のフランス学長などをされ、日本に約一五年居られ、東北大学などでも講義をし、福岡アジア文化賞のグランプリを受賞した。そのベルク氏は、徹底的に和辻哲郎の『風土』を読み込み、ハイデッガーとの関係も含め、和辻の風土論を高く評価すると同時に、それを発展させたのである。ベルク氏は、英語、ドイツ語、日本語を自由に読み書きしたが、その多くの著作*2はフランス語を日本のベルクファンが翻訳したものである。和辻に影響を受けた外国人から見て、日本の河川論や自然をどう見るか、克明に追究している。

私が最初にベルクに呼ばれたのは、一九七一（昭和四六）年、私が四四歳のときであった。ベルクは拙著『国土の変貌と水害』（岩波書店）を読まれ、氏がちょうど書こうとしている風土論に大変参考になったというので、さらに意見を聞きたいということだった。もっとも最近は、「君もたくさん本を書いているけれども、優れた本はあの本だけだ」、との厳しい意見もある。『国土の変貌と水害』はすでに絶版になっているが、当時の建設省

＊2
オギュスタン・ベルク
（Augustin Berque）
文化地理学者。一九四二年生まれ。フランスにおける日本学の第一人者。欧日の人間社会と空間・景観・自然に対しての哲学的思索に基づき、かつ、和辻哲郎の『風土』を研究し、独自の風土学を構築した。二〇〇九年福岡アジア文化大賞受賞。日本の風土性（NHK人間大学、一九九五年、一〇～一二月）、『空間の日本文化』（筑摩書房、一九八五年）、『風土の日本』（筑摩書房、一九八八年）、『風土としての地球』（筑摩書房、一九九四年）、『都市の日本』（筑摩書房、一九九六年）、『風土学序説』（筑摩書房、二〇〇二年）など著書多数。

河川局中枢には大変嫌われた。お役人には被害妄想の方もいるから、日本の治水行政を批判したと読まれたのだろう。私は河川改修工事が洪水流量を増やしたと指摘したが、当時はそれが意外だったのだろう。明治以降の日本の治水が失敗だったとは私は思わないのだが、お役人は自らの責任を突かれたと思ったらしい。河川局の話題になり、禁書になったとの噂も流れた。

寺田寅彦の多くの随筆のうち、特に二つを取り上げる。そのうちの『天災と国防』(岩波新書・昔の赤版)、新書のカバーは赤くなったり、青くなったり、黄色くなったりするが、最初は赤版で、室戸台風の一九三四年に出版されている。室戸台風の災害地を見て歩き、観察眼の鋭い学者なので、汽車の窓から見た室戸台風直後の関西を『天災と国防』に仔細に書いている。これは随筆で、学術論文ではない。室戸台風の後、汽車で関西を旅行すると、被害に遭ったところと遭っていないところが歴然としている。古くからの家は比較的安全であった。新しい家は、大変な被害を受けている。文明が進歩すると、新しい水害ができる。文明の進歩は、都市開発や住宅開発も含め、それが新しい水害を導き出すという点に、私がヒントを得た寅彦の随筆である。

「教科書学問への批判」。いま使われている教科書は、小学校から大学に至るまで、セオリー的なことしか教えず、応用分野が不十分である。これでは自然観は養われないとまでは書かれていないが、そう言いたげである。

『日本人の自然観』は、日本の地形・地質の特徴による精神的意義を述べている。いろいろな地学の本があるが、寅彦の違うところは、地形・地質の特徴の日本の国民性への影響を考察している点である。日本の植物界と動物界は相互関係があること。植物学者は植物のことを書き、動物学者は動物のことを書くが、寅彦は、日本の地形・地質と植物界と動物界の関係を書いている。これは学術書ではない。『日本人の自然観』は約四〇ページの随筆である。いわゆる学術報告ではなく、教養に支えられた直感力で書かれている。

昔の日本人は地を相することをよく知っていたと記している。「相」というのは、土地の読み方である。私の恩師である安藝皎一は、「河相」という表現を提示した。「河相」というのは、川にはそれぞれ個性があるから、画一的に見てはならぬという意味である。「相」というのは、人相も手相もそうであるように、時代とともに変わる。人相も一定ではなく、年をとると変わってくる。手相も変わる。「相する」には「読む」という意味も含まれている。土地を読むというのは、その土地の歴史、その土地に加えられてきた開発と自然との対話。それらすべてを意味する。

日本のあらゆる特異性を、周囲の環境との関係で見るべきであると主張している。こういう日本の特徴を周囲の環境に適応させるのが、日本人が存在する理由であるし、それが世界人類の進歩へ寄与すると主張している。昭和一〇年の段階で、日本の環境とそれへの適応の問題、またそれが日本人の存在理由だと、寅彦は述べている。

安藝皎一（一九〇二～一九八五）
河川工学者。新潟県生まれ。一九二六年東大土木工学科卒。内務省にて鬼怒川、富士川改修工事に従事。一九三七年から土木試験所勤務。河川現場の経験と土木試験所での実験、理論に基づき、新たな河川哲学を『河相論』（一九四四）として体系化した。東大第二工学部教授（一九四一）。戦後、内務省土木試験所長、経済安定本部（のちの科学技術庁）資源調査会事務局長、副会長、エカフェ（バンコク）初代治水利水局長、帰国後関東学院大学教授。

確固たる自然観を養う

自然共生とは、あらゆる開発を含めて自然界に手を加えるときの心得である。自然共生技術、あるいは自然界に積極的に技術活動を行う治水技術を発展させるには、確固たる自然観を持つべきである。自然観とは、河川技術の場合は河川観である。自然共生技術に関して、個々の技術が発達してきたのはもちろん歓迎すべきことだが、自然とはなんであるかについて確固たる哲学を持つべきである。先ほど紹介した志賀重昂を始めオギュスタン・ベルクに至る多くの先人たちの人生観に確固たる自然観が含まれている。たとえば寅彦が述べるように、周辺の環境に適応させることが日本人の存在理由であり、それが世界人類の進歩に寄与できるという考えは、環境そして自然に対する哲学である。自然共生技術においても、確固たる自然観を養う。そういう人たちの意図を頭に置きながら、実際に自分が担当する自然を眺め、観察することに意味がある。

地球温暖化は、具体的にはまず水の問題に現れる。すなわち、将来大きな台風が来る。洪水が来る。そのはしりとして激しいゲリラ豪雨が始まっている。ほんの狭い地域に、猛烈な豪雨が最近増えてきた。日本は島国だから、海面上昇によって長い海岸線に危険が増大する。全海岸の危機は太平洋の島々だけの話ではない。地球温暖化による危機を打開するには、海岸線はもとより、臨海部、沖積平野、丘陵、山地、そして都市と農村、全国の土地利用のあり方を再検討する新たな国土哲学が必要である。

国土哲学の基礎

●自然と開発の歴史の教訓

国土哲学とは、具体的には自然と開発の歴史を振り返り、開発による自然の反応を直視することである。インフラをつくればいいのではない。従来の技術者教育は、つくることを主体に教えたが、建設による自然および社会環境への影響はどうなるかを、少なくともどの工学部でも学生時代には、十分には教えなかった。計画者は、その開発を行うと自然がどうなるかをあまり説明しない。重要なことは、開発によるマイナス要因を予測できてこそ技術の進歩であり、国土哲学を発展させる。

●政治とマスメディアを動かせ

実際に日本を動かしている政治とマスメディアの力は大きい。政治家の役割が重要なことは当たり前だが、政治家の話を聞くと、どうも次の選挙が一番の関心事のようだ。当選しないことには話が始まらないから、ごもっともではあるが、ここ二〜三年先のことしか本気で考えない。日本の国土はどうあるべきかという将来ビジョンを政治家から聞きたい。選挙は人気投票になってしまった。有権者と政治家の質は相互関係にある。一般論であるが、有権者の質が低ければ、いい政治家は出ない。政治家に、この気候変動を迎えて日本の国土をどうするかのビジョン提案を強く期待する。「自然共生と開発」の視点からも日本の国土ビジョンが重要である。

マスメディアも最近は気候変動の話を扱っており、世界各地へ特派員を派遣し、アルプスやヒマラヤの氷河、南極の状況など、紹介している。しかし不満なのは、気候変動によって日本がどうなるかをもっと報道してほしい。その対策をどうするかという議論を巻き起こすべきだと思う。外国の気候変動の例ももちろん紹介するに値するが、たとえば日本の海岸、雪の状態がどうなるのか。日本は島国であるから、海面上昇は海岸にとっては重大な問題である。海面が上がるだけではない。いま、全国の河川から海への流出土砂が減り、全国各地の海岸が浸食されたり、砂浜が減っている。過度の砂防もその一因という説さえあるが、いろいろな原因が重なり合って、日本の海岸線が後退している。海面上昇で、日本の砂浜は半分以上消滅、海岸決壊が進み、津波・高潮の危険度も増す。海岸をめぐらす万里の長城の堤防を築くわけにはいかない。海岸の問題だけを考えても由々しき問題である。そういう現実を、マスメディアは個々の海岸ごとに伝えるべきである。砂浜が半減すると、海岸の生態系はどうなるのか。ゼロメートル地帯はさらに広がる、積雪量が減れば融雪出水も減少し、代かき用水が不足する。東日本にあるダムは融雪出水をあてにしているから、発電その他に影響が出る。気候変動によって、果物を含め農産物産地は北上、将来、北海道が日本の食料基地になるかもしれない。

日本の食料自給率はカロリー計算で四〇パーセントである。食料を輸入するということは、日本で元来使うべき水を外国に依存していることになる。沖大幹がバーチャルウォーターの研究で成果を挙げている。食料自給率の問題は、食料だけの問題ではなく、水の問題でもある。こういう日本の問題について、マスメディアはもっと危機意識を持ち、現実とその対応を報道すべきである。

二つの大学での教授経験から、土木工学科に来る学生の入学時の地学の知識、認識が非常に低いことにがっかりした。地図がどのようにつくられるかも知らない。そのひとつの原因は、大学入試に地学がないからだと思われる。選択科目にはあるが、工学部に来る人はあまり選ばない。地学は国土観養成の基礎である。自然共生を考えるには、個々の技術も大事であるが、それが社会にどういう意味があるかをＰＲする必要がある。そのためには、大学人も、行政の中枢にいる人も、自らの自然観を磨き、国土哲学の重要性を認識して仕事に活かすことだ。政治家も役人も目先の問題に忙しくても、そういう具体的課題の根底にあるものにも向き合い、日本の国土と環境の危機に対してはどうすべきか、それを踏まえた自然観を持っていただきたい。

9　東日本大震災の教訓

［講演録］自然環境共生技術協会通常総会 特別講演、二〇一一年六月一五日

東北大津波は想定内であった

二〇一一年三月一一日の東日本大震災における地震と大津波、引き続く福島原発の事故は、第二次大戦後最大の災害であるのみならず、恐るべき国難である。この災害の原因究明と抜本的対策をどうするか、世界が注目しており、日本の総合力が問われている。原因を正確に把握しない限り、的確な対策は樹立できない。

災害直後から、当事者、地震学者などから、この災害を「想定外」とする解説が乱発されているのは残念である。想定外と聞くと全く予想し得ない地震であり、津波であるから、暗に大災害となったのもやむをえなかった、と言い訳しているように聞こえる。しかし、専門家は、想定できなかったのであるならば、自らの不明と学問が解明できなかった

ことをまず国民に謝るべきである。地震対策には学界にも行政にもきわめて巨額の国費が投じられている。しかも、一時は特定の大地震に関しては、予測できるかのような幻想がばらまかれていたことを国民はあまねく記憶している。

確かに今回の地震発生メカニズムは、きわめて予測しにくく、かつ確率としても非常に算定し難いものであったであろう。しかし、絶対に起こりえないとは断定できなかったようである。津波に関しては、これまた稀にしか発生し得ない現象であろうが、想定内であったことは否定し得ない。

特に八六九年（貞観《じょうかん》一一）七月一三日のいわゆる貞観津波に関しては、私のように津波とは専門外の者でも、昭和末期から「理科年表」によって、平安時代に恐るべき津波災害が発生していたことは知っていた。理科年表には「三陸沿岸・城郭・倉庫・門櫓・垣壁など崩れ落ち倒潰するもの無数、津波が多賀城下を襲い、溺死約一千、流光昼のごとく隠映すという、三陸沖の巨大地震とみられる」とあるが、私はつとに溺死約一千に注目し、当時、この地方の人口密度は現在よりはるかに少なかったであろうから。この津波災害は溺死者約一千と知っただけでもきわめて深刻であったと推察していた。もとより平安時代の東北での災害では詳細な被災記録は入手できなくとも、地震記録は、宇佐美龍夫名誉教授（東大地震研）の研究によって、五世紀から一九八七年まではマグニチュードまで推定されている[*1]。それ以後、宇津徳治名誉教授が韓国はじめ諸外国の地震について研究を拡げた。ちなみに貞観津波はM八・三と推定されている。

この記録の原典は九〇一年に完成した日本三大実録である。この勅撰歴史書は全五〇巻、編纂は藤原時平、菅原道真、大蔵善行らであり、清和、陽成、光孝三天皇の時代における記録の集大成である。菅原道真の太宰府への左遷は、三代実録完成の九〇一年、病気

＊1　一九八七年に日本被害地震総覧に発表。

がちの太宰府生活は二年、九〇三年に世を去った。

後世の役に立つことを念願して編纂された道真らの苦心に報いるのは、貞観大災害の記録などを肝に銘ずることであったが、東電原発の津波対策に活かされなかったのは、いかにも残念であった。二〇〇九年の六月二四日と七月一三日、総合資源エネルギー調査会原子力安全保安部会において、岡村行信委員（産業技術総合研究所活断層・地震研究センター長）は、貞観津波を東電原発の津波対策に考慮されていないことを強く指摘したが、出席の東電側は貞観津波の被害状況などは詳細不明として、岡村委員の警告を結局無視したのは悔やまれる。東北大学箕浦幸治教授（地質学）は、一九九一年発表の論文で、貞観津波の痕跡を仙台平野に発見しており、今回の三・一一と同程度の巨大津波であったであろうと推察している[*2]。一九九〇年には東北電力女川原発建設所チームの千釜章企画部副部長らは、貞観津波の痕跡を発見、津波の想定高さを九・一メートルとし、敷地を一四・八メートルに高くした。今回の津波は一三メートル、地盤沈下一・〇メートル。したがって八〇センチメートルの差で女川原発への直撃を免れた[*3]。

貞観津波については、前述の歴史記録に加えて、箕浦教授らの地質学者の努力によって、近年かなりその状況が解明されていた。これら研究の成果を確かめれば、今回の大津波を想定外と認めることはできない。貞観津波を福島原発の津波対策に考慮されなかったことに、菅原道真、宇佐美龍夫教授はじめ、これを調査した人々は切歯扼腕《せっしやくわん》の心境であろう。

＊2　この項は、二〇一一年三月二五日の「朝日新聞」、およびロバート・ゲラー（東大教授）による「世界」、「中央公論」二〇一一年七月号に基づく。

＊3　この項は、二〇一一年六月二二日の「朝日新聞（夕刊）」、辻篤子論説委員による記事に基づく。

災害歴史の記録を重んじよう

地震、津波に限らず、風水害、河川災害、さらには大火事などの大災害の記録を、先人たちは丁寧に記録し後世のために遺してある。それらは、自然科学の方法論の確立以前であるから、数量データによる解析に堪えるものではないが、被災記録の文章から、当時の災害について相当程度の知識を得ることができる。理工系学術論文では、精度の高い解析手法によらないと、学術的価値を十分に評価しない傾向がある。災害研究においては、災害歴史記録を再認識して評価すべきであり、それは、三・一一災害からの重要な警告である。特に、数百年もしくは一千年確率の稀にみる自然災害に関しては、データ不十分の理由で無視することは許されない。不十分なデータを、文献や考古学、地質学などを総動員して補うことこそ、災害科学の使命である。

●現代文明のあり方が問われている

三・一一災害は、地震、津波、原発事故の三重苦をもたらした。その影響は、日本全土はもとより、原発事故は全世界の原発計画に深刻な影響を与えている。地震・津波による東北地方の農業、漁業の被災、自動車の貴重な部品などの工場が東北に多く立地しているため、その被災によって全国はもちろん一部の部品の生産停止は全世界の自動車生産に打撃を与えた。いわゆるグローバル化によって、大災害の影響は全世界に及んでいる。

前世紀末から世界を震撼させている地球環境の危機は、単に温暖化、CO_2問題の個々の異変現象にとどまらず、現代文明のありかたが問われているのである。というのは、それをもたらした原因の一つが、産業革命以来の科学技術、特にエネルギー産業の急成長にあるからである。上述の科学技術の進歩によってわれわれの生活は飛躍的に豊かになり、便利になったことを誰しも十分に満喫しているが、そこには、かつては想像もしなかった深刻な陥穽《かんせい》が待ち受けていた。

石油文明、クルマ社会に象徴される現代文明は、地球そのものの環境を悪化させる要素を抱えていた。実はあらゆる資源はもっと慎重に節度をもって開発し、利用しなければならなかったのである。地球環境問題もその対応を間違えると、事態はさらに深刻化する恐れがある。

三・一一大災害も現代文明を問い質す重大な試練と受け止めねばならない。災害復興、それも容易ではない。われわれ日本人は、原子力に関しては、原子爆弾の恐るべき洗礼を受けた。以後、日本人は核アレルギーに悩まされているといわれた。しかし、原子力の平和利用に対しては、柔軟というか、原子力空母や潜水艦の入港に、地元の一部は激しく反対したが、原子力発電には強い国民的抵抗もなく、昨年（二〇一〇年）には、二〇五〇年までエネルギーの五〇パーセントを原子力発電に依存するというエネルギー政策を決定し、アメリカ、フランスに次ぐ世界第三位の原発大国への道を歩み始めていた。

三・一一原発事故によって、わが国の今後のエネルギー政策は改変を余儀なくされるであろう。しかし、原発への国の姿勢は、単なるエネルギー源の比率の問題ではなく、各国が、各民族が、そして人類が原子力とどう付き合うかという文明論点視座が問われている。

原子力の解放は、科学技術の画期的進歩によってもたらされた夢の文明であった。しかし、その強大（強暴）なエネルギーを、人類は解放すべきでなかったと主張する人がいることも周知のとおりである。原子力発電に利用するにしても、元来もっとも慎重に入念に超安全対策を考慮すべきであることは当然である。

構造物、施設にのみ依存する現代技術の矛盾

地震および津波対策には、岩手・宮城・福島では、おおむね一八九六年（明治二九）三陸大津波M八・五に堪えることを目標としていた。各自治体ごとに目標とした対象津波は異なったが、三・一一地震および津波による被害は、明治および昭和八年津波よりもはるかに大きかった。三・一一のM九・〇では被害が大きくなったのは、やむを得ないともいえるが、明治および昭和と今日では被災地域の社会経済がはるかに発展していることを考慮すべきである。流通、通信のグローバル化によって、被害は被災地にとどまらず、社会構造の複雑化によって、災害ポテンシャルははるかに大きくなっていたので、防災計画における安全度の目標、バックアップ体制は、高度成長期以前よりは、より強固でなければならなかったのである。換言すれば、背後地の財産が飛躍的に高まっており、かつてのように防潮堤の高さといった構造物の安全度にのみに依存する防災計画ではきわめて不十分であることは三・一一災害の教訓である。

本来、防災計画は防災施設もしくは構造物にのみ依存すべきではない。河川でも海岸でも堤防はいかに堅固に、かつ高く築こうとも、絶対安全とはいえない。破堤もしくは堤防を津波・高潮・洪水が乗り越えた場合に、災害を可能な限り軽減する方策を考慮しておかなければならない。被災対象地の人口が増し、財産も増加しているので、破堤の場合の減災対策はいっそう重大になっている。三・一一災害以前に多くの市町村では強固な堤防が

完成したので、住民は安心度を高め、堤防近くに居住し、避難勧告への対応も鈍った場合もあったと聞く。

重要なことは、防災施設と、それによって守られる土地の利用とを統一した防災思想によって有機的に計画する方針に基づくべきである。

河川堤防や砂防ダムの場合も、いったん新堤防などが完成すると、多くの住民は堤防の間近まで住居を構える傾向が強い。都市の場合、地価は高く人口は密集しているので、堤防付近の住居を禁止することは、現実には難しい。その場合も、堤防近辺の一〇メートル程度（河川保全区域）は堤防保全上も厳しく家屋の立地を禁止し、その他人口密集区域における避難、警報伝達などに万全を期すべきである。さらに過去にしばしば氾濫した区域には、そのことを示す掲示板などを用意して一般の人々に警告すべきであり、原則として開発規制すべきである。

現代文明が問われているのは原発のみではない。防潮堤をはじめとする防災施設一辺倒の防災もまた、現代科学技術の発展とその思想の反映である。津波・高潮・洪水の脅威に対する安全度は確かに飛躍的に向上した。しかし、いかなる防災施設も絶対安全というわけではない。三・一一災害のように、千年に一回ともいわれる稀に来る自然の猛威に直面して、ほとんどの市町村の防潮堤は崩壊した。このように稀に発生する自然の猛威に対してまで、防災施設のみによって防ぎ切るのはきわめて難しい。それに対しては、避難計画を綿密に樹立するとともに、津波のみならず他の災害に対しても町づくりそのもので対応すべきである。

堤防、ダム、防波堤などの防災施設はもとより、様々な公共施設は、二〇世紀において技術的に飛躍的進歩を遂げた。それらにより災害に対する抵抗力が増大したが、その壮大な施設を過信し絶対安全と買い被ってしまったのである。それが破壊された場合を考慮し人命救助を最優先する減災計画樹立こそ、重要な防災姿勢である。

明治以降の近代化の成功は西欧科学技術導入によるところ大であった

世界史において奇蹟とまで評価された日本の近代化の成功は、明治政府が西欧の科学技術ならびに西欧の法体系と制度を積極的に導入し、日本の政治風土に適応させる努力を惜しまなかったからである。明治初期には、いわゆるお雇い外国人による指導、そして日本近代化への情熱に燃えたエリート青年の留学の成果によって、西欧文明はわが国の近代科学技術に能率良く導入された。

一方、欧米科学技術への全面依存によって、日本人が明治初期までに蓄積していた、自然への深い洞察および鋭い認識力が急速に衰えてしまった。しかも、それに多くの日本人指導者も気付かなかった。すなわち、欧米科学技術に傾倒するあまり、日本人の優れた自然観察に根ざした、自然への柔軟性ある技術の適用を失ったと思われる。

その顕著な例は、雄渾《ゆうこん》な治水事業であった。一八九六年（明治二九）の河川法公布以来、主要河川の中下流部に連続高堤防方式が採用された。流域内への降雨を一挙に河道へ流出させ、氾濫を許さず河口から海まで洪水流を流し去る治水策であった。その成果によって主要な沖積平野は従来の常襲的氾濫を免れ、米作を主体とする農業生産は安定し、安全となった都市とともに、日本の近代化の礎を築いた。

しかし、第二次大戦後の一五年間（一九四五〜五九）に日本の主要河川の堤防は、稀に発生した梅雨末期の豪雨、猛烈な雨台風による大洪水によって次々と破壊された。その主な要因は、激しい豪雨、戦中戦後の治水事業の衰退、あるいは上流域の森林の過伐や保全の不振などが取り沙汰された。これら要因に加えて、連続高堤防方式の治水そのものが、洪水流量の増大をもたらした構造的要因があった。

江戸時代までの治水は、洪水を走らせず、歩かせ、大洪水は農地などに氾濫させる方式であった。連続高堤防を築く資力も技術力もなかったからであったが、大洪水に対しては、氾濫を前提とした柔軟性をつねに考慮していた。明治中期以降は、日本の経済力も高まり、しかも河川工事の施工技術が一挙に進展していた。連続高堤防方式は、決して欧米治水技術の単なる模倣ではなく、日本の治水技術陣の発想であるが、機械力を全面的に駆使する施工は欧米の技術礼讃《らいさん》に則ったといえる。その基本方針は洪水流をすべて河道に押し込め、すべて海まで流出させる方針であり、江戸時代までのように氾濫を前提としなかった。

戦国時代に一挙に磨き上げられた日本の治水技術は、武田信玄、加藤清正、成富兵庫ら多くの武将の治水策に代表されるように、特に重要な区域を重点的に守り、かつ異常洪水は積極的に、重要度の低い区域に氾濫させることを基本としていた。工事や氾濫によって犠牲となった庶民へは特別な配慮がなされていた。現代の流行語で表現すれば、ハードとソフトの調和である。

日本の近代化の成功の影に、日本の優れた自然との共生が軽視されたことが、多くの面で指摘されているが、防災面も例外ではない。三・一一災害でも如実に表れたこの点もまた、この災害の教訓である。あらゆる防災施設にもっぱら依存するのが、現代技術思想の成果である。防災は施設とともに町づくりの土地利用計画と一体になって考えてこそ、その成果を期待できる。

日本の災害危険度は先進国で最大

日本列島は、あらゆる自然の猛威にさらされており、先進国のなかで最も自然災害に危険な国である。ただし、各種の大災害をもたらす自然現象が数十年、数百年、または三・一一災害のように一千年に一回とのことで、人間の寿命と比べ、はるかに長いので、人間の感覚からは滅多に生じないと安易に考えがちである。もし人間の寿命が数百年であったならば、大災害に対しのんきにはできず、つねに襲いかかる現象への心構えも、はるかに慎重となるであろう。

日本は火山と地震の国である。日本列島には約二〇〇の火山、数えきれない地震の頻発というよりはむしろ、日本の国土が大噴火や大地震によって造られた新しい地形や地層により形成されてきたのである。

日本列島は環太平洋地震帯の一部に位置している。日本付近でも大規模な地震は、東日本の太平洋プレートが沈み込む千島海溝・日本海溝沿いの海域、西日本のフィリピン海プレートの沈み込む相模トラフ・南海トラフ沿い海域である。

日本列島を取り囲むプレート、火山帯、造山運動、環太平洋地帯でもカリフォルニアと日本列島に頻発する断層型地震など、全国土が火山と地震活動の上に形成され、火山と地震とまさに共生している日本は、先進国の中でも災害に対し最も危険な国である。

三・一一の地震と津波は、日本列島ではいつかは必然的に発生する現象である。しかも、それを受ける日本国土に展開されている経済活動に伴う旺盛な開発は、災害ポテンシャルを増大させつつある。三・一一の地震と津波は約千年に一回の確率といわれるが、その確率的意味は、今後約千年間は巨大地震と津波は発生しないという意味ではない。大洪水でもしばしば百年または二百年確率洪水が計画対象といわれるが、これは治水計画において、最重要河川は二百年確率の大洪水に堪えることを目標としているからである。もっともその治水目標に現在到達しているのではなく、それを目指して改修工事中である。しかしその確率計算も、精度が不揃いの約一〇〇年の水文データに基づいているので、二百年確率洪水といってもその精度は必ずしも高くはない。ましてや、近年の気候変動によって洪水危険度は増している。すなわち、かつての二百年洪水はほぼ一〇〇年洪水に低下している。このような情勢下、堤防などの治水施設への過重な依存は、いよいよ危険な状況になっている。堤防などの施設と、守られるべき土地の利用とをさらに深刻に同時に考えねばならなくなってきた。しかし、その氾濫候補地域は治水行政の範囲外であるので、その実現は悲観的である。

それを少しでも前進させることのできるのは、国土利用計画と治水計画の強力な協力、そして都道府県の強力な防災行政の駆使である。氾濫常襲もしくはその候補地の開発規制、気候変動によって危険度が増す臨海部は長期計画によって住民移転、特に海に近い危険地からの撤退が望ましい。行政にとってはきわめて困難な業務であるが、大災害を経験してからようやく腰を上げることにならないことを切に望む。

東京は先進国の首都の中で災害に最も危険

そもそも東京は大規模な自然現象によって形成された。その大自然現象は、いつまた発生するかわからない。すなわち、山の手の地盤を形成している関東ロームは、富士山、浅間山の火山灰によって、きわめて長い年月の間に堆積した。下町の基礎地盤の相当部分は、利根川（かつて東京湾に注いでいた）と荒川の洪水によって運ばれた。

地震災害は、一九世紀以降、震度六以上の地震を六回経験している。江戸・東京を襲った著名な水害・高潮は次のとおりである。大水害は、一七四二年（寛保二）、一七八六年（天明六）、一八四六年（弘化三）、一九一〇年（明治四三）、一九四七年（昭和二二）、高潮は、一九一七年（大正六）、一九四九年（昭和二四）である。一八五五年（安政二）の安政江戸地震は中規模な直下地震、一九二三年（大正一二）の関東地震は震源が直下ではなく遠方であり、両地震とも江戸・東京は壊滅したが、異なるタイプの地震を最近二〇〇年の間に二回経験した大都市は世界で東京のみである。いずれの災害でも東京低地の被害が激しい。東京西部の山の手から武蔵野台地は形成時期が古い地形であり、東部低地は約六〇〇〇年前には入り江地域が広く、その入り江が主に河川によって運ばれた土砂で埋積され陸化した。一方、臨海部は干拓や埋立てによって人工的に陸化された。これら低平地は排水条件が悪く、地盤は決して堅固ではなく、液状化現象を発生しやすい危険区域である。その区域に次々と高層構造物が建設されているのは憂慮に絶えない。

東京東部の低平地では、明治以降の工業用水と天然ガス採取のため地下水の過剰揚水により地盤沈下が発生、東京湾中等潮位より低いゼロメートル地帯が実に一二四平方キロメートルにも及んでいる。世界一危険と考えられる東京東部をさらに人間の無思慮な行為によって危険度を増加させたのである。ゼロメートル地帯は名古屋にも二七九平方キロメートル、大阪にも七八・三平方キロメートルあり、いずれも主として地下水過剰揚水によって形成されてしまった。この三大都市を海面以下にさせた揚水地下水の社会的費用は莫大である。三大都市のゼロメートル地帯誕生は、二〇世紀の日本人が後世に遺した最悪の恥ずべきマイナス遺産である。

日本、東京の災害危険度が大きいことを国民の常識に

前述の日本および首都東京の災害危険度が大であることは、必ずしも全国民の常識とはなっていないように思われる。以前から予言されている関東、東南海地震、また火山大爆発も今世紀中に二、三度は発生するであろう。大洪水による広域氾濫はしばらく鳴りを潜めているが、治水が整備されたから発生しないのではない。しかも心配なのは、いったん大破堤した場合の氾濫流が暴れる区域の土地利用、人口密度が激変しており、被害の拡大が憂慮される。しかも、近年の災害は複合化、多面化する傾向が強く、地震・水害をはじめ、三・一一災害のように原発事故の誘発など、対策も多面的、総合的にする必要がある。

これからの災害状況を国民の広い層が熟知することは、災害への日頃の覚悟、「治に居て乱を忘れない」姿勢を持するためにも重要である。一九三三年三陸大津波のあと、寺田寅彦は、全国のすべての小学校で年一回、地震と津波に関する特別講義を義務付けることを提案している。一八九六年（明治二九）の三陸大津波の経験が一九三三年には忘れ去ら

れていたことから、上述の提案になったと思われる。上述の寅彦の提言は不発であった。どうも文部科学省によりカリキュラムに正式に規定されないと、日本の教育界では物事は円滑に運ばないようである。

憂慮すべきは、気候変動による海面上昇、台風の大型化、降雪量減少など、それらによって災害を拡大する可能性が高く、それを考慮した防災計画の樹立が必須である。堤防などの施設への過度の依存は、現代文明の反省点であることはすでに述べたとおりである。防災施設と周辺の土地利用との融合、ひいては様々な防災を考慮した「まちづくり」、そして防災面からの視野に基づく国土計画の再構築こそが、三・一一災害の最大の教訓である。

以前から災害の抜本的対策として、防災当局のみならず、開発などに関する地域ならびに都市計画を含む総合行政、学問の側からは、より学際的協力が主張されていた。三・一一災害を見ると、原発事故への対応にも当事者間の総合力の欠如が感じられ、三・一一以後の復興計画の鍵を握るのは総合力をいかに発揮できるかにかかっている。

「われは海の子」の自覚、島国として臨海部の危機をどうするか

日本は島国である。しかも三万五〇〇〇キロメートルに及ぶ長い海岸線は日本の国土財産であり、生命線である。ＩＰＣＣ（国連による気候変動政府間パネル）が予告しているように、海面上昇は島国にとっては重大危機である。しかも、東京、大阪、名古屋の日本三大都市に生じてしまったゼロメートル地帯は、防災上、恐るべき時限爆弾を抱えてい

る。大災害が発生してから慨嘆《がいたん》しないことを切に望む。

三大都市に限らず、臨海部には工業地帯、火力や原子力発電所、一〇〇〇を超す商工港、三〇〇〇以上の漁港、人口一〇〇万を超す大都市は、京都と札幌を除いてことごとく臨海部に存在する。海面上昇に伴う危機に対処するために、数十年計画で海岸保全施設の再検討、危険の高い臨海部からの移転など大規模な国土計画が必要である。ゼロメートル地帯は人口密集地域であるだけに、移転はもとより、その対策はきわめて困難な事業となる。

「われは海の子」は、かつて日本の愛唱歌の筆頭であった。高度経済成長期、「村の鍛冶屋」などとともに文部省唱歌から消え去った。もはや村の鍛冶屋は存在しないし、「われは海の子」で歌われた苫屋など、どこの海辺にもないし、子供らに説明してもわからない、というのが文部省から敬遠された理由と聞く。それと同時に、砂浜や干潟は激減、江戸時代以来の日本の風物詩を彩る「白砂青松」も半減した。その段階で、日本はすでに精神的に海岸を捨てた。戦後開発において、工業、貿易開国戦略において、日本は国民の魂の拠り所であった海岸を捨てた。臨海部の経済的有利性にのみ目が眩み、太平洋岸、瀬戸内沿岸では海岸線いっぱいまで経済開発の対象となり、海岸堤防の安全確保のために重要な前浜を確保できず、波打ち際に海岸堤防を築くという愚を繰り返した。

従来のもっぱら経済効果を重視した海岸開発に対する海岸の復讐が始まっている。二〇〇七年九月、台風九号による高波は神奈川県の西湘バイパスを一〇〇〇メートルにわたって崩壊した。過去に例を見ない長距離にわたる無残な破堤である。これぞ海岸の復讐の始まりであると島陶也*4は嘆いている。これを海岸線危機の兆候と覚り、日本の海岸線と臨海部の人々をどう守るかは、今後の日本にのしかかる超難問である。東日本大震災は日本

*4 島陶也、海岸の復讐、建設オピニオン、二〇一〇年二月号（建設公論社）

の海岸の在り方をも問うたのである。

（二〇一一年六月一五日の特別講演に基づき若干加筆した）

戦後日本の河川を考える

［東京大学最終講義］一九八七（昭和六二）年二月二一日　東京大学工学部一一号館講堂

一九八七年一月、私は還暦に達し、同年三月、東京大学を定年退官した。一九五五年一一月、工学部土木工学科に専任講師として奉職以来、三二年弱、本郷キャンパスに通い、土木工学教室の先輩、同僚、後輩の方々に一方ならぬお世話になった。退官時の恒例により、同年二月二一日、最終講義を行い、特に玉井信行教授、小池俊雄講師のご努力で、河川関係の多くの聴衆にご参集いただき、その記録を以下にまとめた。

四〇年間の東大生活——私の戦後史

いまからおよそ一カ月前、新装成った山上会館において、土木工学科の教室懇親会が行われました。この会は、名誉教授、非常勤講師の先生方をお招きして、毎年一月に行われています。そのときおいでになった名誉教授の最上武雄先生は、私を見られるなり開口一番、「あんた、今年で定年だって！　驚いちゃうなあ！」　私はこの言葉を聞いて、「君は六〇歳になるまでなにをやっていたんだ」と問われたような気持ちになりました。それを話すと、慰めて下さる方がおりまして、「あなたはまだなかなか若い」という意味であったとか、「月日の経つのは早いものだ」というのをあなたに託していわれたのであると解釈されました。しかし、私自身は、東大教官としてのこの三二年間にいったいなにをしてきたのかという自戒の糧として受け止めました。

本日は、この三二年間たいしたことをしませんでしたが、学生時代を含めると満四〇年間の東大生活を顧みたいと思います。私の専門は河川工学です。戦後の日本の河川史を背景にしてこの四〇年を語ることは、〝私の戦後史〟ともいえると存じます。私は、昭和二五年に第二工学部を卒業し、昭和三〇年に大学院を修了しました。つまり、昭和二〇年代から今日までの約四〇年は、ちょうど日本があの敗戦のどん底から経済大国まで発展した激動の四〇年です。この間、日本の労働人口に占める第一次産業の比率は五〇パーセントから一〇パーセントを割るに至る大きな変化があり、われわれの生活水準も飛躍的に向上したことはご存知のとおりです。おそらく世界史にも例を見ない激動を、われわれはこの四〇年間に経験したといえます。

その激動は、日本の河川流域にも明確に現れており、その流域住民にとっても、河川との関わりにおいて歴史的激動期であったといえます。今日は回顧談を聞かされるのかとお思いかもしれませんが、〝過去は未来への鍵〟と申します。われわれが未来を考える場合、古きを単に顧みるのではなく、何らかの教訓をそこから汲み取るべく皆様に伝えることは、私の責任の一端と存じます。

学部時代――雄物川と信濃川

私が初めて河川とつき合うことになったのは、大学二年生、昭和二三年、同級生の木谷正さんと秋田県の雄物川へ実習に行ったときのことです。当時、建設省の秋田工事事務所には、大学を出られたばかりの先輩、野島虎治さんがおられ、和里田新平さんが所長でした。ここで、野島さんの薫陶を受け、雄物川中流部の横断測量を行いました。河川横断測量といいましても、昭和二三年の大水害の氾濫域についてです。二～三キロの長さの横断測量ですから容易ではなく、木谷さんとともに、真夏の葦の林の中を長時間うろつく苦労を味わいました。

そんなある日、「明日は川の神様がここへおいでになる」と野島さんがいわれ、われわれは緊張しました。中流部の刈和野地区の治水のあり方、特に強首《こわくび》のショートカット案の是非を伺うのだということで、お待ちしていたのは強首の宿です。その頃、この辺りでは洋服を着た人が来ると地元の人は半鐘を鳴らすという有様でした。各農家ともドブロクを密造しており、税務署員の来訪には、殊のほか神経を尖らせていたからです。そこへお見えになったのが鷲尾蟄龍《わしおちつりゅう》先生でした。以来、鷲尾先生には、富士川、常願寺川、最上川などの急流河川の現場をしばしばご案内いただき、現場の見方をいろいろと教えていただきました。

昭和二四年の夏には、卒業論文で信濃川下流部へ参りました。木谷正さん、井沢健二さん、小林信寛さんと四人で「信濃川下流の河相―大河津分水の影響―」というテーマで、安藝皎一《あきこういち》先生のご指導を受けました。新潟市や大河津などに三カ月ほど泊まり込んで、信濃川の現場を勉強しました。吉武公夫さんも一緒でした。彼は、「岩船港の海相論」というテーマでした。安藝先生の河相《かそう》論にならって、「海相（かいそう）」なる新語を生み出したのですが、われわれは「コンブやアラメではあるまいし」とからかったものです。以後、この学友諸氏とは昵懇につき合っていただいております。しかし、吉武さんは昭和五六年、新潟県土木部長時代に亡くなられたのは痛恨の極みです。私はこの訃報をサハラ沙漠の調査中に知って、驚きました。鷲尾蟄龍先生のご他界は昭和五三年、シリア沙漠で、いずれも高橋彌さんのお手紙で知りました。

この卒論の際、実習生の世話をされていたのが、運輸省から新潟県に出向しておられた竹内良夫さんです。皆様ご存知のように、現在、関西国際空港社長（注：当時）としてご活躍中です。建設省から中沢弌仁さんが同じく新潟県河港課に出向でおられ、お二人には大変お世話になり、それ以来ご指導いただいております。特に竹内さんは実習生を大変厳しく鍛えて下さいました。私も夜行で早朝新潟県庁に着きますと、いきなり現場へ急行しろといわれたものです。もちろん、当時の学生ですから、寝台車を使うわけではなく、一時間くらい休ませてもらえるかと考えたのが甘かったようです。信濃川の卒論で勉強したことを一言でいえば、川に大きな工事を加えると、川は、必ず工事の直接目的の達成とは異なる面で、大きな副作用を起こすということでした。比喩的に〝川は生きもの〟ということを確認できたことが最も大きな収穫でした。

大学院時代——筑後川

昭和二五年四月から大学院に入り、昭和二八年六月の北および中九州の梅雨前線豪雨災害に直面しました。六月二五日から二九日にかけての五日間、筑後川上流部では各地に一〇〇〇ミリを超す豪雨が記録されました。上流部の熊本県小国の林業試験場の雨量観測所では、六月二五日に日雨量四九〇ミリという、大正二年観測開始以来の新記録となりました。この六月末豪雨では、筑後川をはじめ、白川、菊池川、矢部川、遠賀川など、いずれも未曾有の大洪水が発生、門司では至るところに土石流が発生、国鉄関門トンネルは門司側の入口から豪雨が滝のように流れ込んで水没しました。特に重大な災害は、筑後川の場合です。戦後、日本の重要河川の堤防が次々と切れ、大災害を蒙っていたなかにあって、筑後川はそれまで安泰でした。筑後川は、明治二九年に旧河川法が制定されるや、淀川とともに真っ先に内務省直轄河川に指定され、以来、営々と河川事業が行われてきました。いわば、内務省が手塩にかけ、建設省が引き継いだ重要河川といえましょう。さすがは筑後川という声もチラホラと聞こえてきた矢先のこの大災害では、建設省直轄区間だけで二六か所もの破堤に、「筑後川、お前もか」の感一入でした。

この災害直後、私は現地に参りまして、それから数年間、筑後川の調査を手掛けました。調査は、主としてこの川が明治以来、どのような洪水の変遷をたどってきたかであり、それを上流の雨量と、河道部の水位や流量との関係に注目して解析しました。幸いにして、久留米市の瀬下には、明治一八年以来の水位記録が三六五日二四時間記録として残っていました。年中毎時水位を読むのですから、量水番は河川敷に小屋を建てて寝泊りし、一時間おきに起きては水位を記録したのです。家族ぐるみで二交代で観測したそうです。私はこの水位記録を量水番の物置で見出したとき、大変感動し、さすがは明治の人間だとつくづく感じた次第です。もっとも、私が最初見たとき、一年ごとに一冊になっていた記録の表紙は埃で真っ黒になっており、叩《はた》かなくては表紙の文字は読めない状態でした。少なくとも、昭和の御世になってから誰も見に来なかったそうです。後に、筑後川工事事務所の調査課長になられた野島虎治さんにそのことをお伝えしたところ、野島さんは一時事務所に持ち込み、整理コピーされたとのことです。

小国の大正二年以来の雨量記録、瀬下はじめ各観測点の長年の水位記録などに基づき、筑後川の明治大正以来の洪水の変遷をたどったところ、筑後川ではかつての大洪水の際と同じ程度の豪雨に対して、下流の洪水の規模が徐々に大きくなってきたことを見出しました。見出したというといささか大げさですが、各洪水の記録を年代ごとに単純に整理していったら、そういう結果になったという程度です。この川ではとりわけ精力的に河川改修工事が行われたために、洪水が一挙に河道へ集中してくるようになり、洪水流量が大規模になったのです。この筑後川の調査によって、信濃川の調査とは別の観点から、河川工事が河相に与える影響の大きさを学んだことになりました。

その頃、利根川の洪水流量の長年の経過なども調べていましたが、この川ではさらに明瞭に河川工事の進歩とともに洪水流量が大きくなってきたことを知りました。他の重要河川でも類似の傾向があるのを確かめたので、それらを総合して、「連続高堤防を築き、洪水流をすばやく海へ出そうとする改修工事、ひいては、それを要求した流域の急速な開発によって、大洪水時のピーク流量が増大した」と判断しました。つまり、河川改修工事自体が洪水流量を増大させたことになります。このような解釈は、昭和三〇年頃には奇異に受け取られたようで、特に河川行政側の方々にはなかなか認めてもらえませんでした。それどころか、そのような見解は怪しからぬということで、この説の評判は良くなかったようです。というのは、その頃、毎年のように発生していた大水害の原因についての論議がかまびすしく、諸説紛々という状況でした。それらの説のなかには、明治以来の政府の河川改修についての批判も含まれていました。私はただいま申し上げた考えをしばしば話したり書いたりしましたが、明治以来の内務省の河川改修が間違っていたと表明したことは一度もありません。しかし、私の説を引用して、洪水流量を増大させるような河川改修は誤りだったといったり書かれた方はかなりおられました。それが建設省の治水関係の方の目に触れ、私への非難となったようです。

要するに、川というものは大工事を加えたり、流域を含め、われわれが活発に手を加えると、必ず何らかの反応を示す。時には、思わぬ影響を与えるということを、河川改修という人間の行為にあてはめただけです。現在では、誰でも認めておられる考えを、少々早い時期に表明しただけで、別に大したことをいったわけではありません。その後、一〇年、二〇年を経て、「河川改修工事が洪水流量を増大させる」ということがようやく河川技術者の常識となったのは幸いです。

資源調査会専門委員

その頃、指導教授の安藝皎一先生は資源調査会事務局長をされており、その配下に京坂元宇さん、三浦孝雄さん、川村光雄さんがおられました。各氏が何かと私を援助して下さり、この筑後川調査などの旅費も一切面倒を見て下さいました。大学院学生の分際で、物心ともに大変恵まれていたことに、いまなお感謝しています。昭和三〇年に大学院を終え、東大工学部土木工学科に専任講師として任用され、翌三一年には資源調査会専門委員にさせていただきました。以来、昭和五八年まで専門委員として、主に治山治水部会、水資源部会で河川などの調査をし、同年からは資源調査会委員となり、今日に至っています。

この専門委員としてありがたかったのは、いくつかの河川調査をさせていただいたことです。筑後川を皮切りとして、石狩川、吉野川、最上川、九頭竜川の五河川をそれぞれ三年ずつ、計一五年間、後半ではまとめ役として何回もそれぞれの河川現場を見せていただいたことが、私にとってどれほど勉強になったか計りしれません。と同時に、私にとっての収穫は、資源調査会の場を通して、専門の異なる多くの先生方と交際できたことであり、そのため、私の川についての考え方を拡げて下さったことです。応用地質学の小出博さん、農業水利学の新沢嘉芽統さん、多分野に識見のある栗原東洋さん、それに物理学者でタンクモデルの創始者である菅原正巳さん、若い方では砂礫堆の木下良作さん方です。これらの方々とつき合ったことが、私にはこの上ない刺激となり、楽しい河川調査を続けることができました。

これらの方々はいずれも大変個性豊かであり、かつおおむね役所を批判することを以って生きがいと考えているのではないかと思われるほど自由闊達な方ばかりでした。したがって、お役所筋からは面倒な人たちと思われていたのでしょう。後に、建設省河川局河川計画課長さんなど、建設省の一部の方々にも専門委員として入っていただいたこともあります。その方々と話していますと、「資源調査会はどうしてあんな変な人ばかり集めるんですかねぇ」といわれ、それらの人々と親密につき合っている者も怪しからぬといわんばかりに聞こえました。だいぶ後の話ですが、同じく治山治水関係のある専門委員が大学の私の部屋に見えた折、「先生はよくもまあ、学界のごろつきみたいな人たちとつき合っていられますねぇ」といわれ、ほめられているのか、けなされているのかわかりませんでし

安藝皎一先生との対談　一九六四年一〇月、水温調査会

た。しかし、私自身にとっては、それぞれの先生方の個性あふれる調査方法や現場の見方、ものの考え方には大変教えられました。

一九七二（昭和四七）年に、梅雨前線豪雨が全国で大暴れしました。北は秋田県米代川から南は鹿児島県川内川に至るまで、至るところの堤防が決壊したり、土石流が起こりました。私はほとんど全部見て回りましたが、その直後、資源調査会で災害報告会がありました。

そこに小出さんもおられ、林野庁の難波さんをはじめ、林野庁の現職の方々が全国の土石流を解説されました。「建設省および林野庁が砂防を十分に施工していたところは崩れなかった。いままで砂防事業を行わなかったところだけ被害を受けた。以って、砂防事業の効果は明らかである」ということを実例でお話しました。「これで私の学説は証明された」と小出さんは大変喜ばれました。小出さんの持論は、基本的には土石流免疫説です。「一度大土石流が起こると、それから一〇〇年くらいは起きない。ところが、そういう災害が起こると砂防工事をする。つまり、やらなくていいところを工事している。災害が起こらなかったところに砂防をしなさい」というのですが、これは素人にはなかなか受け入れ難い。「災害が起こらなければ、お役所にしてみれば予算もつかないでしょう。だから十分工事したところは何でもなかった。砂防工事をしないところだけやられたから、私の学説は証明されたのだ」と、大変満足そうでした。

小出さんの話を聞いていると、日本の砂防工事は全部間違いのような極端なことをいわれるので、聞く人は驚いたり怒ったりします。砂防工事には無駄と思われるものもあるとは思いますが、すべてが間違いとは砂防屋さんに気の毒です。よくよく小出さんに聞くと、極端にいっているのです。相当程度は役に立つということは、本人も認めているんですが、お役人を前にしたら、決してそういうことはいわない。普通の人と反対ですね。お役人を前にすると、「役所のやっていることは素晴らしい」という学者が多いですけれども（笑）。

建設省は、同じく資源調査会専門委員の新沢嘉芽統さんに維持用水をはじめ、水利権などでずいぶんいじめられたようです。

また、資源調査会の調査旅行で、古式ゆかしい宿に泊りますと、この家は明治初期の造りか、いや江戸時代末期だとか、新沢・菅原論争が延々と一時間も続くといった有様でした。あるいはまた、土石流の現場を見た夜、皆でその原因などについて二時間ぐらい討議していると、それまで沈黙を守っていた小出博さんが、突如虎の如く雄叫びを上げ、「あなた方のいっていることはすべて間違っている。いったい、現場のどこを見ていたんだ」という有様です。小出さんは、土石流免疫説や森林保水機能などについても、世の多くの方々の通説を事実に基づいて論破し、正論を吐き続けておられました。「建設省の砂防事業は、ほとんど不要な箇所にのみ施工している」などといわれるので、皆びっくりしてしまいます。よくよく伺いますと、決してすべてが間違っていると考えているのではないのですが、警告的に誇張していわれるので、ついていけない人が多かったようです。まず、人を驚かす論法とでもいえましょうか。ともかく、私にとっては大変勉強になりました。

フランス留学

私を直接指導されました井口昌平先生が、昭和三二年にフランスに留学されることになりました。井口先生も資源調査会専門委員でしたので、資源調査会のメンバーや大学関係の有志がその送別会を開くことになりました。しばらく日本を離れられるので、日本情緒を味わっていただこうと思い、隅田川散策とシャレこみまして、最後に言問団子《ことといだんご》を食べたことを記憶しています。私の印象に強く焼きついているのは、たまたま干潮時であった隅田川が大変臭かったことです。その頃の日本は、毎年のように大水害に見舞われる一方、大都市の川が汚れ始めていました。というのは、工業の繁栄とともに、下水道が未発達のままの都市への人口集中が始まっていたのです。やがて始まる高度成長と公害の前触れが、都市の川に忠実に現れ始めていました。

その頃の留学はまだ海の旅でしたので、われわれは井口先生を横浜港に見送りに行きました。さかのぼりますが、私が卒論を終えた昭和二五年春、安藝先生が初めてアメリカへ出張されたときも横浜港に見送りに行き、船が出る際に卒論で世話になった同級生が「安藝先生万歳」と唱えたのも、当時の風潮を物語っています。

井口先生が帰国された後、昭和三三年一一月、私はフランス政府技術留学生としてフランスへ渡りました。この年初めてエール・フランスが北極便を就航し、羽田から出国しました。その際には、安藝先生、本間先生、井口先生、嶋先生に見送っていただき、今から顧みると、無上の光栄だったことになります。この頃、航空機での外国行きが定着し始めたときです。北極通過の機長のサイン入りの証書をいただくという時代でした。当時は、外国へ出る場合も持出金は極度に制限されていました。一ドル三六〇円のレートでしたが、闇では四〇〇～四二〇円でした。現在の一ドル一五〇円と比べ隔世の感です。

フランス留学中は一時、林泰造先生や安藝先生の次男の安藝周一さんとご一緒でした。私は滞仏中もおおむね川見物ばかりしていて、研究室ではろくろく勉強もしませんでした。留学先はグルノーブル大学でしたので、ローヌ川はあちこちよく旅しました。指導教授であるMaurice Pardé教授が学術旅行と認めて下されば旅費もフランス政府から出していただけるという、大変恵まれたものでした。おかげでロアール川、ライン川、ガロンヌ川などのダムや河川改修工事など、約一年の滞在にしては比較的よく見て回ったと思います。

Maurice Pardé 教授

昭和三五年の安保改訂

昭和三四年秋からの帰国旅行については、芝浦工業大学最終講義（二四六頁〜）参照

昭和三五年一月末、八幡港着で日本へ帰ってきましたが、その年は日米安保条約改訂のために政情不安で、大学も大変揺れていました。その頃は、私もいまよりは遥かに学生諸君の面倒を見たと思っており、最近は面倒見が悪くなったと反省しています。数人の学生諸君にフランス語や土木史を輪講して勉強したことも懐かしい思い出です。

ところで、安保騒動で土木工学科の元気の良い学生諸君も国会へのデモに参加し、警官のこん棒で殴られてケガをし、頭に包帯も生々しく登学していた姿をいまに忘れ得ません。この諸君らもいまやそれぞれの職場で活躍しているのはもちろん、建設省で枢要な地位におられる方もいます。安保問題をめぐっては、教官と学生の話し合いの場もしばしば持たれました。いまの言葉でいえば討論集会です。私はそのとき、「デモに行く気持ちはよくわかるが、ケガをしないようにヘルメットをかぶって行きなさい」と勧めたことを憶えています。その頃の学生運動ではヘルメットはまだ使っていませんでした。やがて八年後の大学紛争時に、「学生運動といえばヘルメットに覆面」というスタイルがまさか流行するとは、そのときは予想だにしませんでした。

昭和三六年の伊那谷水害

昭和三六年六月末、天竜川の伊那谷に梅雨前線豪雨による大災害があり、四年生の何人かと現場に行きました。学生諸君も災害現場見学にきわめて積極的であったことに感動しました。昭和三七年六月一四日、NHK教養特集で「災害は必ずやってくる—伊那谷水害から一年—」というテレビ番組に出演しました。これが、その直後に物議を醸しました。ご一緒した共演者たちの発言が問題になりました。向こうもそういっているかもしれませんが、先ほどご紹介した資源調査会専門委員の方々が中心で、小出博さん、佐藤武夫さん、奥田穣さん、司会が地理学者の石井素介さんでした。この番組で、小出さんは中部電力の泰阜（やすおか）ダムの堆砂と伊那谷水害との関係を、いとも明解に説明されました。当時、飯田市川路の辺りの河床上昇によって、この地区がしばしば水害に遭っていましたが、河床上昇の原因が泰阜ダムであるか否かで、中部電力と地元が対立していました。小出さんは、泰阜ダム完成の昭和一一年以前から現在まで、五年ないし一〇年おきの天竜峡の写真を並べて、「天竜峡から川路にかけての河床上昇は、泰阜ダムが原因である」といったのです。この番組は各電力会社を刺激し、小出とはどういう人物かと調べたようです。テレビ番組を正確には見ない人も多く、あるいは噂も流れるのは常のことで、なかには泰阜ダムの件は私が話したとも伝えられました。どうしてああいう年輩の人と、まだ若かった私とを間違えるのかと思いましたが…。以後、この番組に出演した全員は、電力会社や建設省から睨まれることと相成りました。私とテレビとのつき合いはこの年から始まり現在に至りますが、一般教養的なものは別として、災害の原因や災害直後のニュース番組の場合ですと、その発言が若干波紋を投げることが多かったようです。

筑後川の「蜂の巣城事件」

睨まれついでに、より決定的だったのは、その頃紛争中だった筑後川上流部の「蜂の巣城事件」との関与でした。私と筑後川とは、先に述べたとおり、昭和二八年災害調査に始まり現在に至るまで何やかやと関係するようになっています。あの災害がなければ、私の川の勉強に関わる運命もだいぶ変わっていたと思います。ところで、蜂の巣城というのは、建設省が昭和二八年災害に鑑みて抜本的治水計画を樹立したなかに、洪水調節を主体とする多目的ダムを筑後川上流部の大山川の松原および下筌（しもうけ）ダムに計画され、その下筌ダムの右岸側ダムサイトに城を築いて反対した事件です。ここは熊本県小国町と大分県中津江村の県境にあたります。小国町の室原知幸さんは反対派のリーダーで、早稲田大学出身の法律を専攻した方です。反対運動で座り込むというのはよくあることですが、城を築いて立てこもるというのは全く異常なケースです。当時はまだまだ住民運動も珍しい時代のこと、多くの人は彼を一種の変人、狂人と考えたようです。

　彼はさまざまな裁判を起こし、この事件を法廷闘争にも持ち込みました。なかでも、東京地裁へ提訴した事業認定無効確認事件は、おそらくわが国最初の本格的治水裁判と考えられます。建設省の作成した筑後川治水計画は公共事業に値しないという内容の起訴状を提出しました。このように、国家権力に真っ向から立ち向かうのは、当時としては誠に大それたことと思われたでしょう。そんなある日、本間仁先生のお部屋に伺いますと、先生から「あなたは筑後川の裁判で原告側の鑑定人になっていますよ」と何気なくさらっと教えられました。それから数日後だったでしょうか、東京地裁から通知が郵送されてきまして、この裁判の鑑定人になってもらうから何月何日に地裁に出廷せよとありました。しかも「特定ノ事由ナクシテ出頭セサレハ科料ニ処セラルコトアルヘシ」という文語文の但し書きがあるのには驚きました。裁判所というのは、法を以て諸事を裁く司法の権威であり、新憲法の精神を最も忠実に履行している機関と考えていたのに、これはなんと非民主的なことかと呆れたのは若気の至りというべきでしょうか。その文面には誰それの推薦とかはもちろん記載されておらず、裁判所の命令という形をとっていたこともあり、断っていけないと考え、室原さん側から推薦の鑑定人となった次第です。おまけに仲間がいけなかったようで、小出博、新沢嘉芽統、佐藤武夫、奥田穣といった方々とまたもやつき合うこととなりました。私だけが若輩であり、こういう方々とご同席というのも、考えようによっては光栄というべきであり、裁判で公共事業を裁くということは、日本の民

ダム反対闘争のために築かれた「蜂の巣城」

主主義社会も進歩したものだと比較的気軽に行動したものです。しかし、友人などから聞きますと、建設省側はそんなに割りきって考えなかったようで、室原とともに自分たちの仕事を邪魔する輩と考えていたようです。おかげで、それから昭和四〇年代初めの頃までは、建設省の多くの現場でなかなかデータも見せてもらえず、いささか白眼視されたようです。おかげで、この頃は河川に関する論文報告類を私は一切発表していません。この裁判の鑑定書くらいのものです。しかし、川を見られればいいのですから、一切意に介しませんでした。先ほど触れた資源調査会の河川調査とか、災害直後の現場行きなどに努め、川の勉強そのものは怠ったつもりはありません。室原氏に城を案内していただき、建設省への不満とか、建設省の対応がどうであるとかを、反対側から丁寧に聞く機会を得たのは、私の人生にとっては大変幸いだったと思っています。

当時の裁判長の石田哲一さんは意欲的な方で、三島由紀夫の『宴のあと』の裁判長もされておられ、昭和三五年の安保騒動のとき、文化人や芸能人が警官に傷つけられた事件の裁判長もされました。それから二〇年ぐらいしたある日、そのときは弁護士になられていた石田さんから電話がありました。弁護士として川辺川ダムのことに携わっておられ、一度食事を共にしました。

そもそも資源調査会そのものが建設省の河川関係の方とは折り合いが悪く、しばしば対立していました。

治水の鑑定

この裁判で私が昭和三七年二月二八日、東京地裁へ提出した鑑定書の一部をご紹介します。まず、鑑定事項は「筑後川の洪水流量の算定および長谷洪水量に関して」であり、「建設省が昭和三二年二月に発表した筑後川水系治水基本計画に示されている計画高水流量の妥当性について鑑定せよ」とい

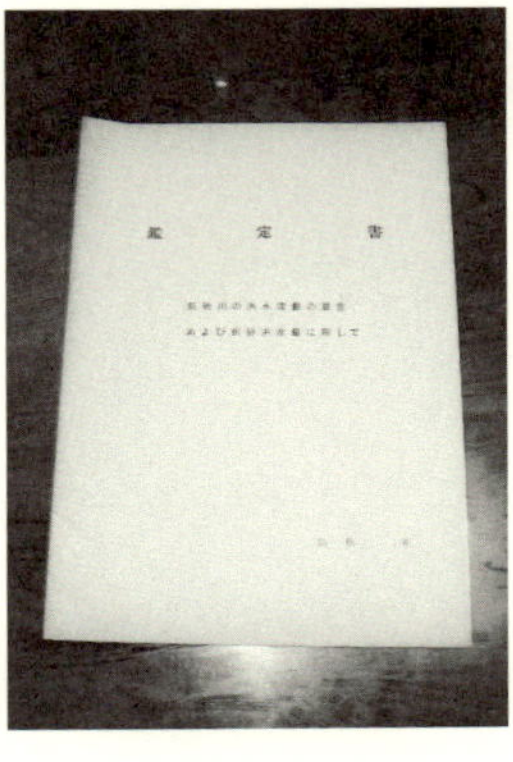

東京地裁へ提出した鑑定書

うことでした。考えてみれば、経験深い建設省の河川技術者が多くの資料に基づき、自信を持って定めた計画の数値が妥当か否かを、三〇代の若造がチェックするというのだから、建設省の当時の幹部の方々がけしからんと思ったのももっともだと思います。現在とは時代が違います。

鑑定書第一章にはこの問題の経緯が、第二章にはこの鑑定にあたっての私の考え方が述べられています。つまり、洪水処理計画の妥当性は、最終的に流域住民の基本的生活権とでも称すべきものを守るために計画が立てられているか否かによって判断すべきであるとの立場が表明されています。さらに、河川工学の本質、その特殊性について述べ、科学の限界に触れ、「洪水現象や河川の流出土砂の問題は残念ながら十分な精度のある解答は無理だ」とも述べています。第三章にマニング公式とその粗度係数の検討に基づいて、洪水流量計算について述べ、第四章で昭和二八年洪水最大流量が計画流量として妥当か否かを論じています。

要するに、この鑑定書の見解は、治水の使命は住民の立場に立つべきこと、治水に対する要請は社会の変化とともに変わるものであり、治水計画は社会現象との関連で検討すべきこと、洪水現象は人為的要因の加わった自然現象として理解すべきことなどを基本としています。いまから二五年前のことです。いま考えてみると、硬い文章であり、練られてもおらず、舌足らずの表現も気になりますが、私の河川工学、治水計画についての考えは、その後も基本的には変わっておらず、進歩がないともいえます。

学生諸君とメコン川へ

昭和三八年夏には、四年生の数人とメコン川を回りました。ラオスのビエンチャンからカンボジア、さらにベトナムのメコンデルタまで見学したことは、学生諸君とのつき合いのなかでも懐かしい思い出です。その当時はまだ海外視察は簡単ではなく、特に途上国旅行は一種の冒険を伴うものでした。一行はその名も勇ましく「アジア踏査隊」と称し、タイ国を拠点にしてメコン川流域を踏査して回ろうという雄図でした。その頃の学生諸君はきわめて積極的であり、とりわけ進取の気性に富んでいたと思われます。土木工学科の桧垣陽一、神谷雅嘉、吉谷克己、吉田洋一郎諸君をはじめ、他学科、他学部生も4名加わり、前半の団長を文化人類学の大林太良先生、後半は私が受け持ちました。その資金は、すべてこれら学生諸君が建設会社などを回って集め、私の旅費や洋服など一切の費用は彼らが集めたものです。私に団長を、というのも知らぬ間に彼らが定め、主任教授であった本間仁先生を説得して、大学の承認もとっていました。

この学生諸君たちはそれぞれ勇者というに相応しく、特に桧垣陽一君はバンコクに残って僧侶生活を送るという実行力の持ち主でした。小田実の『何でも見てやろう』が出版されたのが昭和三六年ですが、三〇年代後半から四〇年代初期にかけては、特に頼もしい学生諸君が多かったと感じています。昭和三九年の東京オリンピックをはさみ、高度成長の波に乗っていた当時の日本の青年には活力がみなぎり、それが海外、それも途上国の不案内の土地を訪ね、見聞を広めようとの意欲をかき立てていたのだと思われます。

おかげで、私も貴重な体験をしました。桧垣君が僧侶になるための得度式にバンコクの寺で立ち会ったのも得難き体験でした。得度式には、本人をよく知っている後見的立会人が必要とのことでした。僧侶生活を送るためには、梵語による仏教の口答試験を受けなければなりません。桧垣君がその内容をこなしているのを傍らで見ながら、よくできるものだと感心していました。が、後で聞くと質問の意味はほとんどわからなかったそうで、前の晩に想定質問で暗記していたのを適当に組み合わせて答えたとのことでした。彼は帰国後、NHKテレビの「私の秘密」に出演したり、文藝春秋には僧侶体験記などの手記が掲載されました。それには、最大の難儀は僧侶になることについて団長の高橋に納得してもらうことだったと書かれています。そんなことが彼にとって最大の難事であるはずはなく、それは社会慣れした彼の読みの深さであって、私の立場を理解してそう書いて下さったのです。

四大学学生とのフランス視察旅行

その翌々年の昭和四〇年の春、私は四大学（東大、東工大、早大、慶大）の工学部学生約八〇人の四大学学生フランス工業視察団団長として、約一カ月のフランス旅行に出かけました。この企画とお膳立ては四大学の学生幹事諸君がすっかり世話してくれました。世界の数十の航空会社に手紙を出して、入札方式で値を叩いてチャーター機を探し、結局スイスのバル・エアー（Bal Air）のＤＣ６で行くことになりました。しかし、航続距離が長くないプロペラ機なので南廻りとなり、往路は香港に不時着、帰路もスイスのバーゼルに予定変更の着陸など、若干のスリルを味わいました。土木工学科の伊藤学先生にもご同乗の栄に浴しました。

出発前には、半年ぐらい、毎日曜に新宿の喫茶店に幹事が集まり旅行計画を練ったり、フランスの視察先との連絡などにあたりましたが、私にとって参考になったのは、私立大学の学生諸君と親密につき合ったことです。もっとも彼らにとっては、私は他大学の教師ですから特別の配慮とか若干の気兼ねもあったと思いますが、私立大学の諸君は、少なくとも東大の多くの学生諸君より遥かに考えがフレキシブルであり、社会慣れしていました。要するに、気が利いているとつくづく感じました。もちろん、ほんの一部の学生によって全部を推し量ろうとは思いませんが、少なくとも私がつき合った早慶の諸君はそうでした。

メコン川視察団の場合も、フランス視察の場合も、これら団体の学生の幹事諸君は、いずれも実行力もしくは企画力があり、将来リーダーになる素質があると感じましたし、これら諸君とのつき合いは、私にとってまたとない教育体験というとオーバーですが、良い経験でした。

昭和四二年の加治川破堤

昭和四二年八月二九日、新潟県加治川の堤防が切れました。この年は、七月上旬、台風七号くずれの低気圧が九州から瀬戸内海を東進し、佐世保、呉、神戸などの港町とその周辺に激しい水害が発生し、その水害解説に一週間ほど毎朝NHKのスタジオ102とつき合いました。毎朝、水害箇所を一か所ずつ五～六分、映像を見ながら解説するという役で、現地へも行かず、ニュースと写真、地図だけを頼りに何とも図々しい話でした。その縁もあってか、加治川の早朝破堤の日も、昼前にNHKに呼び出され、翌朝のスタジオ102で破堤地点から実況報告せよとのことでした。羽田から新潟空港へ飛びました。夕刻、ヘリを出してもらい、加治川左岸破堤地点から阿賀野川に至る水田が夕陽に映えて、一面海のように広がっている光景に感無量で声も出ませんでした。太古の出水時は、きっとつねにこのようであったのではないかと思いつつも、日本の水田氾濫の宿命を感じたことは生涯忘れ得ぬことでしょう。被災者には申し訳ない言い分ですが、厳かな自然の理を痛感したように感じ、思い直してこの氾濫水の下に広大な水田が荒らされていると目をこすり、暮れゆく氾濫の晩夏を眺めていました。

破堤地点近くの新発田の宿に着いたのは午前四時頃で、中継車が出発しようとしていました。深夜の氾濫地でわれわれの車は行きつ戻りつのドライブでした。現場での聞き手の川上アナウンサーは、あの朗々たる美声で音楽解説などを担当しておられ、その後もスタジオで何回かご一緒しました。放映前の打ち合わせで、川上さんは本番では少々厳しいことを質問させていただきますとの前触れがありました。被災直後のニュース番組では、マスコミ側にとっては当然の要求だろうと聞き流していましたが、なるほど川上さんは、いざ本番となった堤防上で、破堤地点から流れる濁流を背に「この破堤はやはり河川管理者に責任があるのではないですか」との質問に続けて、「河川工学者にも責任があるでしょう」と畳み掛けてきました。

なにしろこの破堤地点は、その前年の七月一七日にも加治川流域の局地的豪雨で破堤し復旧したばかりなのに、二年続けての破堤だったために、後に大きな社会問題となりました。当然、川上アナもそれを予期しての詰問だったのでしょう。この災害は、新潟、山形両県に渉る広範なもので、「羽越災害」と呼ばれています。加治川では、この破堤地点のみならず、計三か所で破堤し、前年を遥かに上回る大災害となりました。川上アナとの問答では、今回の破堤について私は「切れるべくして切れた」と何気なく口を出た表現が、その後さまざまに理解されました。私の真意は、昨年切れたときよりも今回の洪水流量は大きいし、昨年も切れた箇所は現形復旧であったし、以前より特に堅固に築いたのでもないから、その適否は度外視して、切れたのは当然であるという、きわめて単純明快なつもりでした。特に意図して玉虫色とも聞こえる表現を意識したわけではなく、私もそんなに思慮深く老獪であったわけではありません。

これを聞いた治水当局の幹部にはご満足の方が多かったようですが、現場の第一線の河川行政官のなかには反感を持たれた方も多いようでした。被災者側の受け止め方もいろいろで、後に間接的に問い合わされてきた方もおりました。

ところで、水害解説のテレビには、その後もしばしば出させていただきましたが、私は大学の学期中の勤務時間中に出演したことは一度もありません。すべてお断りしてきました。ほとんどが夜のスタジオ撮り、時には夜の現地放送というのもありましたが、幸か不幸か水害は夏期休暇中が多かったのです。これは、講義とも無関係ですし、実をいうと災害直後の現場をいち早く見られるというのは率直にいって、大変魅力的です。昼の出演でお断りしたのは、主として裁判の判決直後のテレビ談話です。判決はおおむね午前一〇時なのですべてお断りしました。裁判所の前で判決直後に感想を述べろという要望ですから、確かに少々難しい話であり、どうも私が逃げたとも思われた向きもありますす。私に代わって出られた方からは恨まれたかもしれません。まあ、率直なところ、よい言い訳があったともいえますので、そういう修羅場はかろうじて逃れたということになりましょう。

加治川破堤地点

後日談になりますが、加治川破堤については、被災者側が河川管理者を訴え、わが国では最初の本格的水害訴訟となりました。この裁判では、河川災害の本質について初めて突っ込んだ論議が闘われ、後に頻発する水害訴訟の前駆となりました。

大学紛争

加治川破堤の翌年から大学紛争が激しくなりました。もう一〇年になりますので、お若い方には実感がないでしょうが、私にとっては忘れ難い教訓を数々与えてくれた事件でした。工学部では都市工学科が最も激しい紛争となりましたが、土木工学科もまた激しく揺れ、一号館もご多分にもれず封鎖されました。もっとも私は出たり入ったりしていましたが、入るたびに署名させられるのには戸惑いました。この頃、日本の経済成長がようやく峠にさしかかり、公害、環境問題が重大関心事となり、住民運動が台頭してきました。高度成長の後遺症、数量的に示された富への反発、経済大国へひた走ることへの自戒が社会現象の底流としてはあったのでしょう。学生諸君の活力は社会矛盾に対する内部エネルギーとなって爆発した感があります。昭和三五年安保騒動の際とは異なり、学生諸君はヘルメットのみならず、重装備に身を固め、建物を次々占拠したのですからなかなか過激でした。

その際、学生運動の先頭に立って行動した諸君は、少なくとも土木工学科に関する限り、その後、社会に出ていずれも立派な仕事をしておられることに私はきわめて満足しており、救われる思いがします。しかも、これら諸君はいままで誰も手を染めたことのないような新天地を拓いて活躍していることに敬意を表します。大学紛争の当時、社会の第一線におられる先輩や同僚の方々の多くは、「こういう場合は弾圧に限る。大学の先生はこういうことに慣れていないから、なにをしていることやら全く見てはおられない」とだいぶお叱りを受けました。しかし、私は考えました。大学における教師と学生の関係は、労働組合と管理者の関係とは違う。ここは教育の場であり、少々もったいぶったい方を許していただくならば、学生諸君の一〇年先、二〇年先を考えなくてはならない。その場の状況だけで物事を判断してはならないでしょう。その観点からも、このとき活躍した土木工学科の諸君が、その後、きわめて個性的、先駆的な仕事に成果を上げていることを心から喜んでいます。

隔離病棟の研究者

ここで、一昨年、中公新書から出版された『水害』という書の「あとがき」をご紹介します。「高橋教授の研究室では、虫明功臣、大熊孝氏と私の三人が、土木工学科の〝隔離病棟〟と呼ばれた同室で、酒を酌み交わしながら、現地調査や河川問題についての議論に明け暮れた。いわばこの議論が、本書を書く起因になったと考えている……」著者は宮村忠さん。隔離病棟とは、一号館三階の一番奥の部屋です。その頃、この病棟患者の病原菌はきわめて強力であると世の中に伝えられていたようで、この三人の就職に際しては、相当に難産しました。そのうちのお二人については、就職がほぼ内定した段階で、就職先の上司が青くなって私の許へおいでになり、「あの人を雇うと、うちの大学は争議が起きて、ひっくり返るのではないか」というのです。あるいはこのなかの一人は、就職にあたって博士論文の内容が問題になったとのことです。「第一、この論文には数式がない。それが工学博士といえるか」というのだそうです。というのも、この論文を審査した東大の先生方には失礼な話かと思うのですが、このような経験を通して、「世の多くの人々は大変一面的な見方をするものだ。表面的なことを見て人物を判断したり、一方的、慣習的評価で論文を評価するとは、ずいぶん情けない人が多いものだ」と私はつくづく思いました。これら三人の諸氏がその後いかに活躍し、それぞれの職場はひっくり返らないどころか、そこでかけがいのない存在になっていることは、私が説明するまでもないでしょう。

また、その頃私が指導教官になっている学生の親御さんが私の許に訪ねてこられ、「先生の研究室には大変危険な方がおられるそうですが、うちの息子は大丈夫でしょうかね」と心配そうな顔をしておられました。私はこの病原菌がいかに恐ろしいものとして、世に広く伝えられていることに愕然としました。

転機となった昭和四八年

昭和四〇年代後半になると、学生問題は沈静化する一方、水問題には大きな転機がやってきました。昭和四八年のオイルショックは、日本経済にとっての転機となりましたが、水問題にとってもいくつかの画期的なことがありました。オイルショックの半年前、つまり昭和四八年一月、東京都水道局は、「水需要抑制の提言」を発表しています。当時、水需要は着実に伸びているのに、水供給、すなわち水資源開発の方はなかなか思うように進まない。したがって、水需要バランスがとれず、再び昭和三九年夏のような深刻な水不足になっては大変である。そこで、水需要を抑えるしかない。それには消費者の方々になるべく水を無駄づかいしないように節約してもらうしかない。というわけで、それ以来、都バスをはじめ、地下鉄など各駅に節水のポスターが出るなど、節水キャンペーンが熱心に行われるようになりました。しかし、少し冷静に考えると、これはかなりおかしな話です。というのは、水道財政は独立採算制ですので、水道料金が主要な財源です。水はいわば売り物で、これで儲けなければならない大事な商品です。それを「なるべく少ししか買うな」ということを金をかけて宣伝していることになります。つまり、日本電気や富士通が、「どうか本社の製品はあまり買わないで下さい」という広告を新聞に出すことに相当します。したがって、水需給の局面はそれほど重大であったと理解しなければ、東京都水道局には失礼になるでしょう。

この節水キャンペーンは相当の効果があったと私は判断していますが、オイルショックが有力な追い討ちをかけてくれました。オイルショックを契機として、それまでの大量消費ブームが反省され、省資源のムードが高まり、ついでに省水資源という気運も大都市では高まってきました。これ以後、工業用水や大都市の水需要は横ばいになり、水不足危機は一応回避されました。

昭和四八年には、「水源地域対策特別措置法」、いわゆる水特法が国会を通過し、水源地対策に転機が訪れました。昭和四〇年代になって、環境問題や住民運動が高揚し、水源地の人々の抵抗が強くなり、ダム建設がなかなかスムーズにいかなくなりました。それまでは、水没者に対し金銭補償は徐々に厚くなってはいましたが、それ以外の施策は不十分だったことは否めないでしょう。そうでなくとも上流水源地域は、国全体の滔々たる勢いの都市化の波のなかで、人口が減少し過疎化が進み、活力が衰えていたため、これら地域の人々の危機意識が強まっていたのです。この法に対しても、ダム反対者のなかには、きわめて不十分であるとか、飴をしゃぶらせてご機嫌をとる飴法であるとか、一方では、こんな法律をわざわざ制定しなくとも、実質的には水源地には相当なことを行っているなど、各種各様の批判も出ました。しかし、ともかくこの法によって、水源地への対策が金銭補償だけでなく、より積極的に水源地域の振興を国の意志で表明したところに意義があったと私は評価しています。要するに、この頃から開発に伴うマイナス面や、地域ごとのアンバランス、この場合は流域の上下流の対立緩和です。これらに対する施策、それに関連する調査が重視されるようになったといえます。一口にいえば、ソフト面の対策の重要性が四〇年代後半から顕在化したといえます。

水特法、もしくはそれに相当する施策を打つべきであることを、私は昭和四〇年代初めから提唱し、公の場でも表明したのですが、時期尚早であったようです。四〇年代初期の段階では、水源地補償金も高く支払われるようになったし、そのような甘やかしの方策を国が打ち出すことは、他の公共事業とのバランスなどからも不適切であるとの見解が中央官庁では支配的であったようです。のみならず、そういう提言は国の方針に反するものとして歓迎されませんでした。法案が成立する直前とか、その後でその推進を讃える主張は、官側からは大変歓迎されますが、五年も一〇年も前に力説するのは官庁側からけしからぬことと されるようです。

昭和四〇年から、私は東京都総合開発審議会利水部会の専門委員として、宇賀田浩さんのお力添えで東京都の水需要の予測などをお手伝いしてきました。この場合も、昭和四〇年代前半に下水処理水利用について議論しましたが、処理水利用促進については、特に衛生工学の専門家ほどおおむね反対でした。「下水処理水を利用しようとすれば、どんなに費用が高くつくか、いったい知っているのか」ということなどを根拠に反対されました。しかし、現在では水の循環利用は常識となり、下水処理水利用も徐々にではありますが、野火止用水や玉川用水の復活、江東工業用水道水源などに進められるようになっています。これらはほんの一例ですが、専門学者のなかには、狭く深く研究しているが、大局的視野に欠けたり、行政官には長期的判断が欠けることが少なからずあります。

都市水害の激化と総合治水対策

昭和四七年七月上旬から中旬にかけて、梅雨前線豪雨が全国的に大暴れし、北は岩手から秋田県に注ぐ米代川から、酒匂川、斐伊川、江の川、高津川、太田川、高梁川、物部川、南は宮崎から鹿児島県に注ぐ川内川に至るまで、破堤、内水氾濫、土石流など、特に東海、近畿などでは都市水害も発生し、多彩にして甚大な被害が生じました。この水害直後から水害訴訟が続々と持ち上がった点でも、この昭和四七年水害が転機になったと思われます。

このように、昭和四七〜四八年は、日本経済が高度成長から安定成長へと様変わりするとともに、水問題、河川問題も転機を迎え、住民の水意識、水害意識も鋭く曲がり角にきた転換期といえます。

都市域各地に発生した都市水害の走りは、昭和三三年九月二六日の狩野川台風における東京・横浜の災害です。昭和三〇年代前半は、東京、大阪、名古屋などの大都市の人口が急増し、それに伴って、低平地や水田に次々と宅地が急速に開発され、それが都市水害の原因となりました。したがって、都市水害もまた、まず東京、大阪に始まり、以後、全国諸都市の人口急増による都市化の波を追うかのように波及していきました。それに伴って、都市民が増え、水害意識も全国的に変わってきました。元来、農民は、水害は可能な限り、まず自分で守るという意識が強かったので、都市化、さらには農民のサラリーマン化も全国民の水害意識を変えたといえます。

加治川水害訴訟を走りとして、昭和四七年水害でその機運が全国的に及び、さらに昭和四九年九月一日の多摩川狛江の破堤、五〇年八月の石狩川破堤、五一年九月の台風一七号による長良川破堤と三年続けての重要河川の破堤は、治水方針の転換を促す機縁となったと考えられます。特に昭和五一年台風一七号は、中部、近畿、四国の広域に水害を発生させ、都市域における新興住宅地の都市水害の頻発に対しては、従来の河川改修一辺倒の治水策のみでは水害を根治できないことが、誰の目にも徐々に明らかになってきました。

この水害直後、河川審議会に総合治水対策小委員会が吉川秀夫先生を委員長として設けられ、私も一委員としてお手伝いしました。翌五二年六月、この委員会は中間答申を提出し、主として都市水害対策として、従来の河川改修にのみ依存するのではなく、雨水の流域貯留、地下浸透などの対策、氾濫に強い土地利用の誘導、危険地の公表、避難対策の確立など、多面的かつ総合的な対策を特に都市化が進んでいる河川流域に行うべきであるとしています。

手前みそで恐縮ですが、私は昭和四六年に『国土の変貌と水害』と題する岩波新書を刊行しました。出版当時は、河川行政の中枢におられる多くの方々には評判の悪い本でした。内容が明治以来の内務省の治水政策を不当に批判していると判断されたようです。そのなかで、都市化に伴う新型の水害について指摘し、前述の総合治水対策において採用されている提案をいわば先取りしていましたので、この総合治水対策以後はこの書も解禁され、むしろ推薦書にさえなったとのことです。

すなわち、前述の答申によって、特に都市水害の場合、水害対策は流域の土地利用や雨水処理などを考慮すべきであることが治水当局によって公式に表明されたことになります。それは、流域内の土地開発に関係するので、住民の協力が必須だということになり、その協力なしには治水の実をあげ得ないことを意味していると私は解釈しています。

多摩川水害訴訟

昭和四九年九月一日の多摩川水害でも被災者が提訴し、第一審は原告の主張がおおむね認められ、被告である建設省側は当然不満なため第二審となり、その判決も遠くないと伺っています。この東京地裁での第一審で、昭和五一年一二月一五日、原告、被告の双方から参考人に推薦され、ほぼ同じ質問を一時間くらいにわたっていろいろな角度から受けたことも含め、長時間にわたって厳しい質問でした。私の発言については双方ご不満だったようです。双方とももう少し自分らに有利な証言を期待していたようで、結局両者から恨まれることになりました。

重要な争点は、あの地点での破堤を予測できたか否かでした。私の証言の要点は、「昭和四九年以前の中洪水であった四一年水害の際のこの地点での護岸破損の状況が、四九年災害の初期の段階と類似しているので、四一年災害を仔細に観察していれば、それより大きな洪水が来れば、この地点が危ないことを予測するのが河川技術者の理想である」ということでした。

シリア沙漠のカナート

昭和五〇年代に入ると、本格的に外国の川についての見聞を広めるべく、少々努力しました。そのひとつは、日本のような湿潤なモンスーン地帯とは正反対の乾燥地帯の水を調べることでした。たまたま運良く、昭和五三年の文部省海外学術調査の乾燥地帯研究の代表者であった小堀巖さんから「君はいままで日本を始め、湿潤地帯の川ばかり研究しているが、地球の陸地の過半は沙漠か半沙漠なのだから、それを調べなくてはダメだよ」との甘言にコロリと参って、その一員としてシリア沙漠のカナート調査を、さらに昭和五五年から五六年にかけては、シリアとサハラ沙漠のカナート調査を行うことができました。カナート研究の大家である小堀さんはもとより、地理学調査のベテランの鈴木郁夫さんや、アラビア語に堪能で、アラブの文化人類学調査に数々の成果を上げている片倉もと子さんらとご一緒でした。私自身にとっては若い頃からの念願であるカナート調査でもあり、かつ他では全く味わえない貴重な体験ができたことは幸いでした。カナート調査もさることながら、水の豊かな地域と少ない地域とでは、水の使い方、水に対する生活感覚がどのように違うかについて、体験を通して見聞を広めたことが大きな収穫でした。

昭和五三年夏のシリア沙漠は、殊のほか猛暑で、首都ダマスカスでも四〇年来の暑さとのことでした。沙漠に入っての調査は、冷房などとんでもない話で、もちろん電気も水道も、アラブの農村ですからトイレもない生活です。作業服の上からオアシスのカナートの水をひっかぶっても、三〇分くらいで下着まで乾いてしまう蒸発力のものすごさに驚きました。そこで、アラブの人たちにとって、あの白い服が良いことがよくわかった次第です。四〇度を超せば風に当たると熱いわけですから、肌はなるべく出さずに長い白服に限るわけです。私はベルトを着用していたので、腰のその部分だけ空気の流通が悪く、湿り気が残るためか、その部分だけシミが出ました。帰国して二～三カ月で五～六キロ減った体重も元に戻りましたが、特にサハラ沙漠ではハエが群れをなしており、屋外の食事ではハ

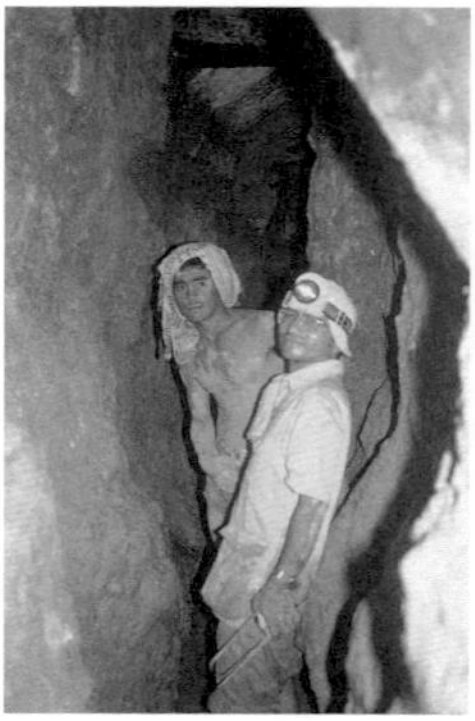

シリア沙漠での調査。手前が筆者

エを飲まずにスープを飲むことはほとんど不可能でした。というのは、スープ皿の周りには、つねに立錐の余地のないほどハエが円周全体にとまっているからです。神経質な人は、スープを口にした後、ペッペッとハエを吐き出しますが、小堀さんは「ハエをいくら食べても死にゃしませんよ。これもタンパク質です」と全く平気でした。サハラ沙漠では毎昼毎夕いつも豆ばかりで少々飽きてしまいました。いくら空腹でも、ある程度以上の豆は食べられなかったときが多く、それも日本での食生活がぜいたくになりすぎているからだと痛感し、昭和四八年の夏にバングラデシュの調査に行ったときのことを思い出していました。そのとき、連日連夜カレーライスばかりでかなり弱りました。マネージャー格の松本洋さんは、親父さんの松本重治さんの血を引いてか、きわめて外交手腕があり、現地での難しい交渉を次々とこなしていました。カレーライスに飽きたわれわれを代表して、松本さんがコックさんに掛け合って帰ってきました。「交渉したから明日の食事は大丈夫だ」といいます。楽しみに翌日食事を待っていると、なんとまたカレーライスです。おやっと思ったわれわれに、コックさんはニコニコしながら説明しました。「日本人は魚が好きだというから、肉の代わりに魚にした」と。要するに、魚のカレーライスだったわけです。彼らは毎日そういう単純な食生活を送っているのだから、われわれがぜいたくすぎるのでしょう。

中国の川への旅

昭和五四年から中国の川の現場見学を始め、以来、毎年中国の川を主として、宮村忠さんの企画に乗って見て回っています。学生時代の安藝皎一先生の河川工学の講義にはしばしば黄河の話がありました。ある学年では河川工学特論で一年間黄河の話で通したこともあったそうです。その後も安藝先生のお話を聞く機会が多かった私としては、黄河など中国の川を見ずして河川工学を語れないという

昭和13年6月の黄河氾濫図
（『黄河万里行』、恒文社、1984、p.333を参考に編集部作成）

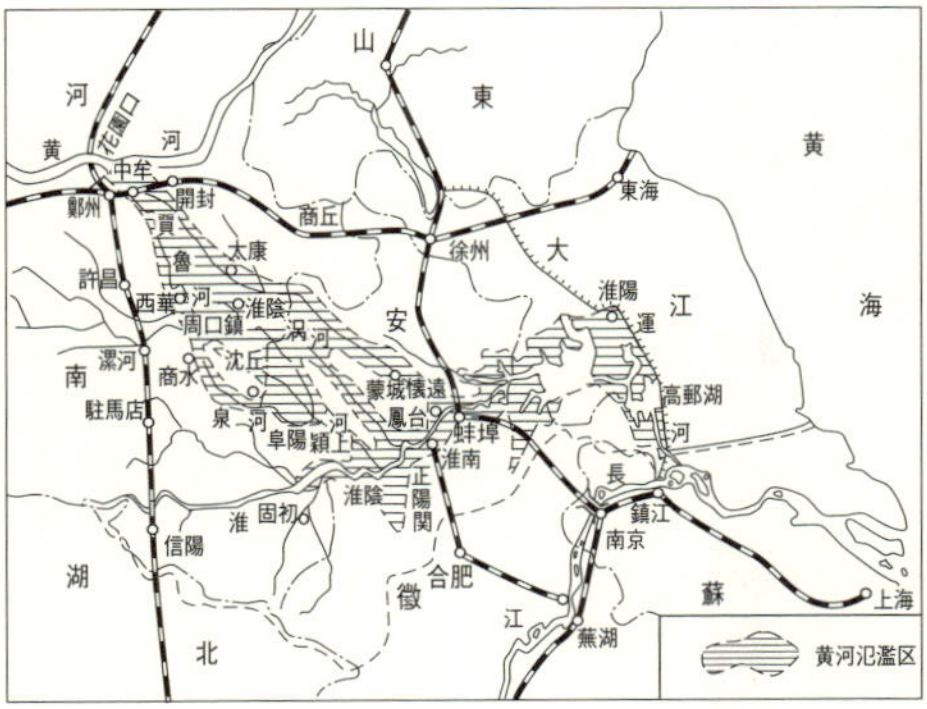

気持ちになっていました。事実、中国は寒帯から亜熱帯にかけ、沙漠あり、モンスーン地帯あり、きわめて多種多様な風土を、その広大な国土に抱えています。かてて加えて、優秀な漢民族による四〜五千年の治水の歴史の蓄積が中国本土の隅々に記録されています。したがって、人類の河川体験のほとんどが、この国土に記録されており、河川工学の宝庫とさえいうことができるでしょう。

一九七九年、中国へ初めて行きました。北京では、黄河治水の大家、張含英さんとお目にかかることができました。七〇年代までは中国へ行きにくかったのです。文化大革命もようやく収まった一九七九年、勇躍出かけ、最初にぜひ訪ねたかったのが黄河の花園口の決壊地点です。

さらに、われわれ日本人にとって忘れてはならないのは、日本と中国との二〇世紀前半における不幸な歴史です。中国の河川のここかしこにその傷跡が遺っていることを、われわれは顧みないわけにはいかないでしょう。たとえば、ここに昭和一三年六月の黄河大破堤の氾濫図があります。黄河が大平原に出たところに位置する要衝、鄭州郊外の右岸堤からの氾濫流は淮河流域を呑み尽くし長江まで達し、氾濫面積は五・四万平方キロ、四国と九州を合わせた程度の広範囲になります。この大水害の死者は、中国政府の発表では実に八九万人といいます。おそらく二〇世紀世界最悪の水害と思われます。特にわれわれにとってこの問題を重視しなければならないのは、その破堤原因です。昭和一二年七月七日から始まった日中の軍事衝突は拡大の一途をたどり、翌一三年になって徐州を占領した日本軍は鄭州めざして西進していました。その日本軍の進撃を食い止めようとして、蔣介石軍が鄭州郊外の花園口を爆破したのです。昭和五四年夏、初めてこの決壊口に立った私は、この破堤で一〇〇万人近い中国の民衆が犠牲になったことについて深い思いに耽らざるを得ませんでした。

その花園口の破堤地点に立ち、中国側の説明を聞きました。元の原因は日本軍の攻撃にあるわけですが、ちょうど日中友好条約が結ばれた直後なので、悪いのは蔣介石だということで、決して日本への批判はなかったのですが、私はその後中国に行き、第二次大戦の日本との関係のいろいろ悲しむべき跡に直面せざるを得ませんでした。

北京にて張含英氏と握手

東北地方、旧満州の豊満ダムもまた、日中戦争とも関係する「歴史のダム」です。鴨緑江の水豊ダムとともに、豊満ダムは日本人が築いた最大規模のダムです。吉林郊外、松花江水系に築かれたこのダムは、昭和二〇年終戦時にはほぼ完成し、すでに一部発電を開始していました。当時七〇万キロワットの巨大な水力発電です。この建設工事中、日本人は中国労務者を酷使し、二万人にも達する多数の犠牲者が出たといっています。この建設にあたって、帰国後、大豊満の名を取って、大豊建設を設立したその幹部の方々はこれを強く否定しています。中国との不幸な傷跡がここにもあるのを見て、感慨なきを得ませんでした。

大豊建設の内田会長に呼ばれ、「中国側の報道はオーバーである。確かに伝染病で二〇〇〇人ぐらいの労働者が亡くなった。伝染病で日本人も死んだんだ。あなたは中国の私の友人によく説明してくれ」中国に内田さんの友人がいるというので北京で訪ねようとしましたが、病気療養中で北京には居らず、残念ながら会えませんでした。

豊満ダム

サハラ沙漠のカナート

サハラ沙漠調査で比較的長く泊まり込んだインベルベルというオアシスは、東経二度、北緯二七度にあり、カナートの明確な形態をなしています。一般にカナートは竪穴を二〇〜三〇メートル間隔で掘り、その地下に緩勾配の水路を掘り、地上に出たところで取水して家庭や家畜用に使い、その余り水や排水を農園に送るというのが典型です。カナートは、沙漠地帯では実にキリスト以前から利用されており、旧大陸では、東は中国シンチャンウィグル自治区のトルファンから、アフガニスタン、イラン、イラク、シリア、リビア、アルジェリア、モロッコなどの乾燥地帯での地下水利用の古くからの知恵です。しかし、近年はポンプの普及で地下水を汲み揚げすぎる傾向が各地で見られ、そのた

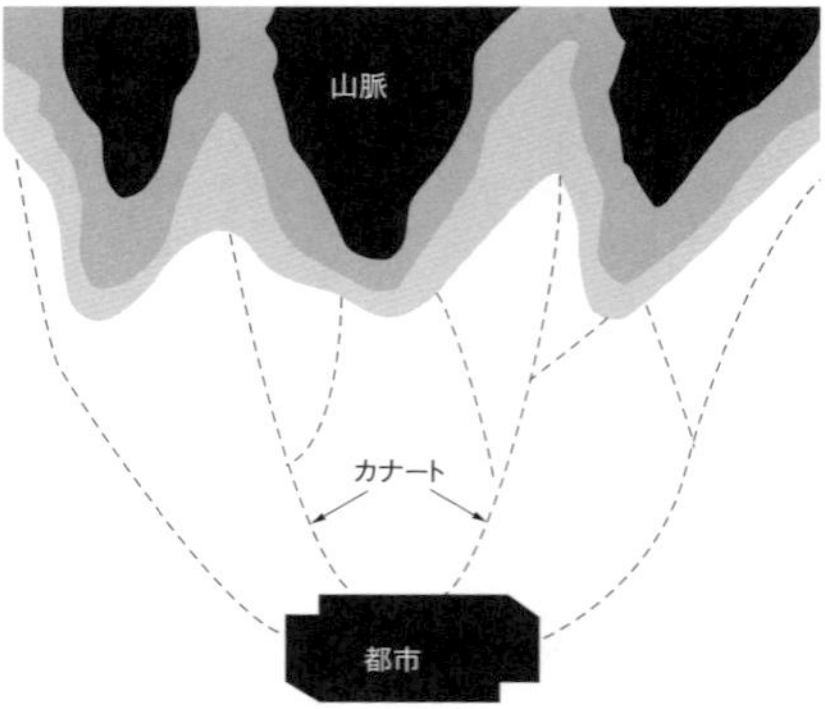

給水用の典型的カナート計画

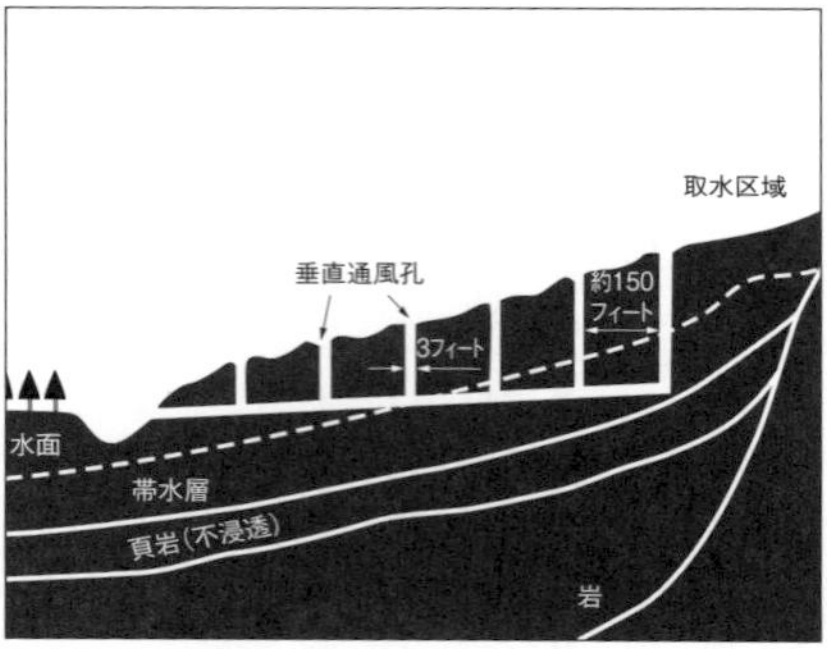

カナートの断面図

め、周辺のカナートの水が枯渇している例がかなり見られます。

昭和五〇年代の沙漠や中国の川を調査し、日本の河川とは著しく異なる例を若干知るに及んで、日本の河川の特性を少しずつ学ぶようになりました。言うまでもなく、日本の河川のみ見ていたのでは、地球における日本の河川や水資源の特性は理解できないからです。日本とは対比的な沙漠、中国のように多様な風土での河川とその生活を比べることによってこそ、日本河川の特性はより浮き彫りにできると考えられます。

インベルベルのカナート（サハラ沙漠）

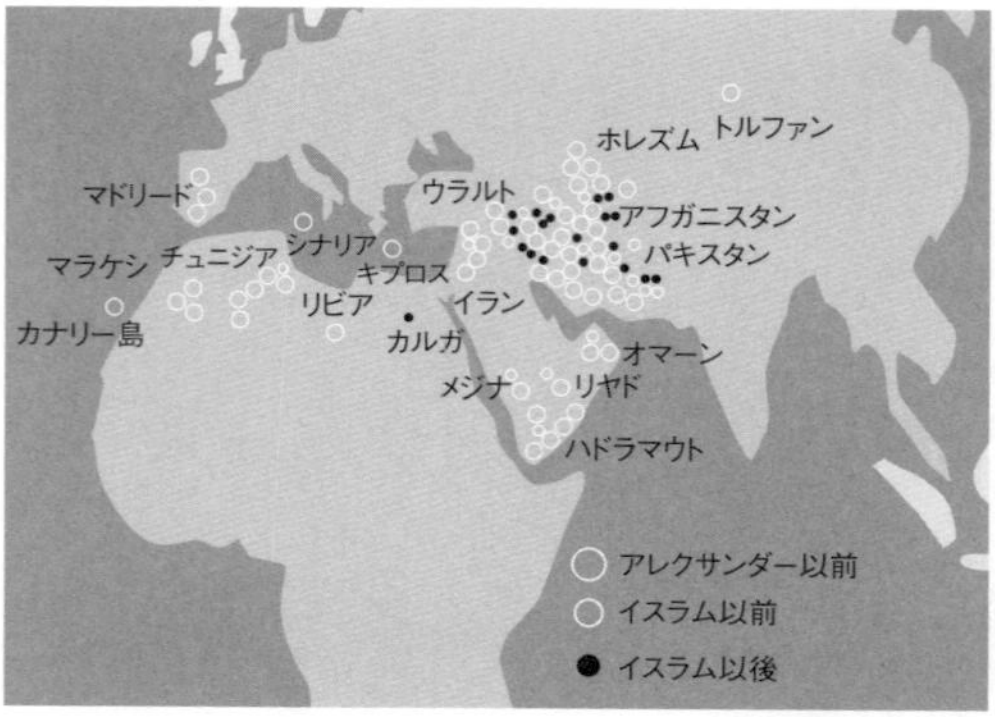

世界のカナートの分布

最近の日本の水害とその報道を考える

その後のわが国では、都市化され開発がきめ細かく行われている国土特有の、日本ならではの水害が発生し続けています。昭和五七年七月二三日の長崎水害では死者二九九人、クルマの被害二万台にも及ぶ大水害であり、その一〇日後の台風一〇号では東海道線の富士川橋梁の二スパンが流れ、その事故調査のお手伝いを始め、災害全般の調査をまとめさせていただきました。昨年の台風一〇号では、茨城、栃木、福島、宮城各県で大きな被害があったことは耳新しいと思います。

ところで、最近ではマスメディアの発達により、水害報道もきわめて丁寧になり、各社競って熱心な取材と報道が行われています。比較的長くマスコミとつき合ってきたこともあり、ここでその報道について少々注文を申し上げます。昨年の台風一〇号の全国報道では利根川支流の小貝川の破堤が集中的に大きく報じられましたが、その理由の第一は、破堤現場が東京に近かったからだと思います。常磐自動車道で東京から一時間かからず、取材もしやすいからでしょう。どうもニュースバリューは、東京都心からの距離の自乗に反比例するかのようです。他の例では、昭和四九年九月一日の東京都の多摩川破堤に際しては、各マスコミは約一週間にわたって、全国版でも詳細にこの災害を追い続けました。一九戸の家屋は流れましたが、死者もなく、全国各地で発生している無数の災害のなかで被害規模という点では決して大きな災害ではないのに、東京で発生したからこそ、ニュースバリューがあったのだと思います。しかし、昨年の台風一〇号の場合にしても、客観的にいって阿武隈川の郡山の工業団地被害をはじめ、二本松、福島、梁川などの方が遥かに大きな災害ですし、宮城県の吉田川沿いの鹿島台町などの被害の方が日本全体から見れば遥かに深刻と思います。この災害では、無堤地帯での氾濫被害も相当に大きかったのですが、小貝川破堤の方が劇的であり、映像としても迫力があるからこそ、報道はそこに集中したのでしょう。

いまや、テレビ文化、視覚文化の時代ですから、どうも派手な画面になるものを重点的に追う傾向があると思われます。社会的価値に応じた報道であってほしいものです。たとえば、昭和三九年六月の新潟地震では、報道はもっぱら昭和石油の黒煙濛々たる火災や、橋脚が次々将棋倒しとなった昭和橋、基礎から倒れたアパート群に集中しました。つまり、テレビや写真を撮りやすく、見映えのする対象にあまりに重点がかかりすぎたと思われます。あの地震では、地下の水道や港の水面下の防波堤なども甚大な被害を生じていたのですが、それらは画像に捉えにくいためか、報道全体のなかでもあまり報じられませんでした。マスコミに限りません。現代のあらゆる文化現象に、目に映りやすいものの、動きのある現象に過大な関心が向けられ、直感的に視覚に訴えられるものに関心が集中しすぎて、問題の本質がはぐらかされていることが多いと思われます。必ずしも積極的にはぐらかしているのではないでしょうが、結果的にはそうなっています。

卒論指導

学生諸君とのつき合いでは、相変わらず次々と豪傑や大物が現れ続けました。宮村さんが私の研究室に出入りし始めた昭和四一年頃、「どうして先生の研究室には変な人ばかり集まるんですか」とよくいわれたものです。自分もその変な人であることに気づいていないのか……。その後現れた大物のなかで私の記憶で鮮明なのは坂田純一さんです。なにしろ東大入学が昭和四〇年、土木工学科をやっと卒業したのが昭和五三年で、最後に私の許で卒業論文をまとめたときは一三年生でした。東大の規則でそんなに長く学生でいられるわけはないとお思いでしょうが、いろいろの手があり、それが可能だったのです。しばしば休学を繰り返し、試験のときだけ復学し、試験が終わって学期が始まればまた休学を繰り返していれば可能です。どういうわけか、私が卒論を指導することになりました。そこで私の部屋に来るなり、坂田さんは「大学へ来ないでできる卒論にしたい。それから面倒な本をたくさん読むことはご免だ」というので、これはなかなか大物だなと思いました。「こういう人が民間会社に行けば重役間違いなし。建設省へ行けば本省の局長か技監にはなれるだろう」と感じた次第です。したがって、彼には現地調査やヒアリングなどを主体とするテーマが良いと考え、「利根川の中条堤の洪水貯留効果」を勉強してもらうこととしました。こういう大物をこのテーマで直接指導できるのは宮村忠さんをおいてないと考え、一切の具体的指導を宮村さんに任せました。こうして坂田さんは見事立派な卒業論文を仕上げ、めでたく卒業しました。それまでの一三年間なにをしていたのだろうと不思議に思いましたが、彼の件はその間しばしば教室会議の話題になりました。教官側も入れ替わり立ち替わり対応していましたが、彼の学生生活の後半のころの時間割担当は西村仁嗣先生で、その仕事の大半は、彼との単位計算の折衝であり、かなり骨を折られたようです。一三年もおりますと、科目の変更もあり、なくなってしまった講義とか、途中で単位計算の方法や授業時間数の変更などもあり、彼の単位計算は面倒だったようです。坂田さんは盛んに主張します。「前の一・五単位は現在では二単位相当である」とか、西村さんがそれは違うとか、討論が延々と続いたそうです。西村さんだから辛抱強く対応できたと思います。奥村敏恵先生も一時期、坂田さんの指導担当で、宗教論議を闘わしたとのことで、先生もだいぶお疲れになっていたようです。

　しかし、まあ一三年とは東大恋しさによくもいられたものです。この記録は燦然たるもので、プロ野球金田投手の四〇〇勝、岡村甫教授が学生時代の三年間に六大学リーグ戦で東大投手として挙げた一七勝とともに、おそらく二〇世紀のうちにこれらの記録を破る人は現れないでしょう。しかし、私はここで彼の学生時代が長かったことではなく、その卒論の立派なことを讃えたいのです。坂田さんは卒論調査にあたっては、利根川中流部の郷土史家を何回も訪ね、熱心な聞き込みを繰り返し、古地図を探し集め、現地を丁寧に歩き回り、それを一々熱心に報告に来ました。それらの調査に基づいて、明治四三年の利根川大洪水の際の中条堤による遊水効果は一・一二億立方メートルにも達すると試算しています。利根川治水にとってきわめて重要な中条堤問題について、これだけ具体的かつ詳細に研究した学生はかつてなく、その後、彼の論文は他の文献にも引用されています。私の分野の研究テーマで、学部の卒業論文が他の学者に引用されたのは、坂田さん以外にはほとんどありません。いかに彼が立派な卒論を仕上げたかに、私は敬意を表します。

河川水文学調査の課題

河川に関する調査研究の内容も、この四〇年間、社会のニーズなどによって変わってきました。昭和二〇年代、三〇年代前半は大水害頻発の時代であったので、洪水に関する調査研究が多く、それ以後の高度成長期には水資源開発時代の社会的背景を受けて、水利用、水需要に関するテーマが多く、昭和五〇年代から現在にかけては、いままでのテーマに加えて、河川環境、河川景観に関するものが加わってきました。これらテーマは、今後いっそう重要になってくるでしょう。

一方、河川水文学の分野では、計測技術の進歩によって、いままで明確でなかったことが次々確かめられつつあります。私の研究室に関連する最近の成果を少々ご紹介すれば、昭和五〇年代半ばに安藤義久さんが精力的に取り組んだ都市化による河川流出の変化があります。もちろんそのこと自体は、昭和三〇年代から洪水流量の変化などによって現場でも確かめられており、昭和四〇年代以降、建設省土木研究所などでも広範な調査が行われていますが、安藤さんは多摩ニュータウン内の試験流域を中心舞台として、地下水の動向の精密な測定結果を駆使して、平時の流量と都市化の関係などについて優れた成果を上げました。地下水の流れの解明とともに、今後の研究成果に期待がかけられるのは融雪機構の解明です。日本列島の北国は、世界でも稀な豪雪地帯であり、そのためこの厄介者の雪には悩まされどおしでした。しかし一方、雪は貴重な水資源であり、古くから「大雪の年に不作なし」という諺があるように、雪は豊富な地下水の供給源として大切ですし、わが国の大規模な水力発電所とそのためのダムが長野と北陸から福島にかけて集中しているのは、もちろん豊富な雪に依存しているからです。われわれにとってかけがえのない水資源である雪の実態は未解明な部分がきわめて多く、かつ雪害を克服するためにも、融雪についてより詳しい現象解明が強く望まれています。ここ数年、雪国では克雪・利雪シンポジウムなどが活発に展開されているのも時宜を得たもので、いっそうの研究推進、そのための具体的な技術の開発に期待をかけたいと思います。雪をどうするかは、二〇世紀の残された十数年に発展させるべき夢のあるテーマです。

この分野では、小池俊雄さんの精力的かつ優れた一連の研究があります。小池さんは、利根川上流域の宝川にある林業試験場を本拠地として、雪国の多くのダム上流域について、ランドサットデータ、地上観測に加えて、カイト気球による写真観測を加えて、融雪機構の解明を進めています。その一例を紹介しますと、ランドサットによる映像で、昭和五六年四月二三日の豪雪時と、それが融けてきた同年五月一三日の映像を北関東から新潟・福島方面にかけての同じ場所について比較しました。ランドサットが日本列島上空に一八日ごとに回ってくる春から初夏にかけての映像の比較をひとつのよりどころにして、融雪状況をマクロに捉え、以後の融雪出水流量の予測が目的です。カイト気球は、約一〇〇〇メートルの高さから気球に乗せたカメラを遠隔操作して、水源地流域の積雪の状況を、より詳しく捉えるものです。約四立方キロのヘリウムを詰めたこの気球は、風速が大きいときには無理ですが、なかなか偉力を発揮しています。カイト気球は、すでにいろいろな分野で利用されていますが、雪の調査に使われたのはおそらく世界で最初であり、昨年、小池さんと一緒にスイスのダボスにある研究所に雪の研究の権威のマルチニク（Martinec）教授を訪ねてご説明した際にも、きわめて強い関心を持たれ、貴重なヒントをいただいております。

カイト気球
〔写真提供：小池俊雄氏〕

最近の日本の河川光景

ここで、最近の日本の川の特性をきわめてよく表しているスライド写真を二、三ご紹介します。まず、昭和五六年七月二二日夕刻、東京を襲った激しい熱界雷のときの東京の水害風景です。江戸川橋交差点では、マンホールから道路に水が噴き上げています。もうひとつは高田馬場駅近くの神田川の越水状況です（次頁の写真参照）。この辺りは、つい最近まで年に何回も浸水被害で悩んでいた浸水常襲地区です。東京の真っ只中でまだまだこういう風景が見られるのです。

次は、昭和六一年八月の台風一〇号による小貝川の石下町の破堤氾濫状況です（下の写真参照）。ここは農村地帯ですが、この川は江戸時代以来、しばしば氾濫することを前提として、生活や農業が営まれてきたところです。ところが、昨年の氾濫水位は天明以来の異常な高さで、昔から住んでいた人々を驚かしました。おそらく流域のさまざまな開発が氾濫パターンを変えつつあるのだと思います。氾濫に慣れている農村でも氾濫の動きは著しく変わっているのです。この破堤の八月六日の夜、NHKの「NC（ニュースセンター）9」でコメントしたのはこの破堤地点です。夜九時過ぎでは川の流れもよく見えないし、そこで破堤原因といわれても難しいと思ったのですが、そこに立っていることに意味があるといわれて、いささか無責任で申し訳ないですが、若干の憶測程度の解説をした地点です。

昭和六一年八月台風10号による小貝川の破堤氾濫状況（石下地点）
〔写真提供：国土交通省〕

戦後四〇年の水害の変遷

この四〇年余りの激動の日本の河川の歩みを振り返ると、河川だけが独立して変化してきたのではなく、この間の日本の産業構造の著しい変化、それに伴う生活水準の向上、日本人の川や水に対する考えの大きな変化、それらの変化を忠実に反映しながら、日本の河川も変わってきたと痛感します。一九二〇年から現在までの産業構造の変化を見ると、約半世紀の間に、第一次産業人口がこのように減少した例は世界でも他に例を見ません（左下頁の図参照）。日本の川の著しい変貌は、マクロ的に見れば、産業構造のこの大変化に根ざしています。

次に、戦後四〇年間に日本の台風災害による死者が激減していることを紹介します。この研究は元気象庁長官の高橋浩一郎さんが始められ、その後、倉嶋厚さんが継続して研究を発展された成果です。倉嶋さんには、気象庁におられたときに文部省科学研究費による災害研究でご協力いただいた誼《よしみ》もあって、紹介させていただきます。その後長くご存知のようにＮＨＫのＮＣ９の気象名解説を

江戸川橋交差点の水害状況（昭和 56 年 7 月 22 日）
〔写真提供：東京都〕

高田馬場駅付近での神田川の越水状況（昭和 56 年 7 月 22 日）
〔写真提供：朝日新聞社〕

産業別就業者数

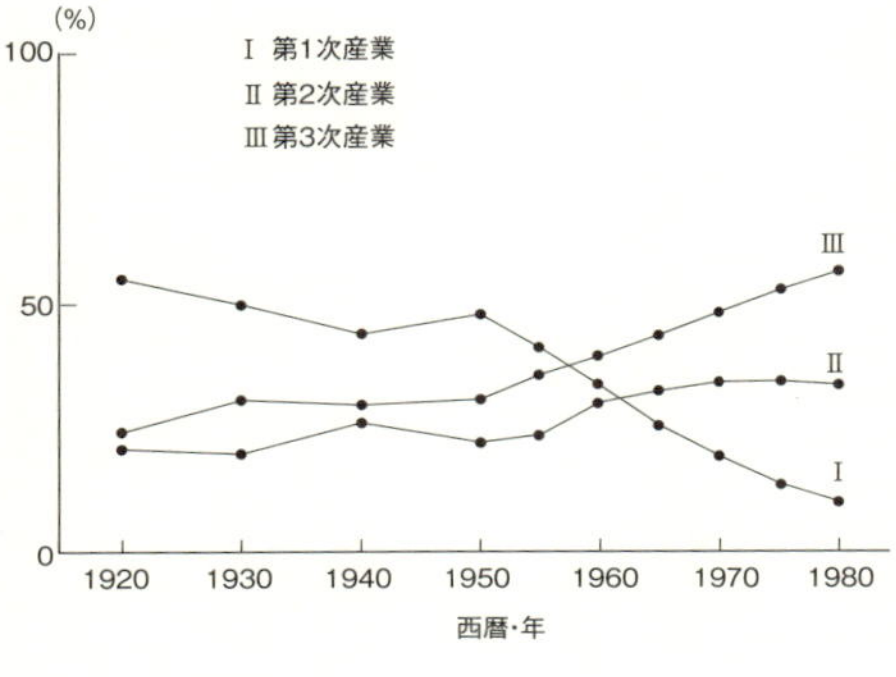

なさっておられます。台風の規模に対する死者の割合を、各台風ごとにプロットしたものです（下図参照）。横軸は台風のエネルギーで中心示度に半径を乗じたもので、縦軸が死者数です。両対数グラフであることにご注意下さい。昭和九年の室戸台風も含め、敗戦直後の昭和二〇年代から三四年の伊勢湾台風までの大型台風はおおむねAグループにプロットされます。ところが、三〇年代後半以後、そのプロットはBグループに入り、同程度の台風規模に対し、死者数が一桁下がっています。ところが、六〇年代後半以降、Cグループにプロットされる台風もときどき発生しています。これは必ずしも大規模でない台風でも、かなり死者を伴う災害が発生するようになったことを意味しており、土石流による死者が多く発生する、いわゆるゲリラ災害といわれるものがこれに含まれます。その理由のひとつとして、上流域の土地利用の変化や開発が影響する場合もあると推測されます。

四〇年余りをこのような経緯で見ると、昭和三四年の伊勢湾台風までの時代に比べ、最近は水害による死者が減り、この面では日本は水害に強くなったと存じます。あるいは多くの方々は毎年のように知らされる水害のニュースをご覧になって、日本の水害は少しも減っていないように感じられるかもしれません。しかし、死者数の激減は顕著であり、防災の第一目標は犠牲者を減らすことですから、大局的長期的にみれば、防災の効果は明らかだといえます。それは、治山治水事業など国土保全事業の成果であるのはもちろんのこと、日本人全体に人命尊重の精神が行きわたってきたためであると考えます。国も地方もあらゆる行政機関を始め、人命を失わないための措置が、近年は以前と比べ遥かに向上してきているからです。防災というのは、ハードな防災施設だけでは一定の限界があり、国全体の水害に対する総合的防災力とでも称すべきものが強くなってきていることを、この図は雄弁に物語っています。

川の写真の最後に、広島の原爆ドーム近くの太田川の佇まいをお見せします。河川景観に関心のある方はどなたもご存知の光景ですが、市民に親しめる河川敷と環境護岸が、中村良夫さんのご指導で完成したのです。これからあるべき河川風景の一種と思われます。親しめる川とはなにか、そのデザ

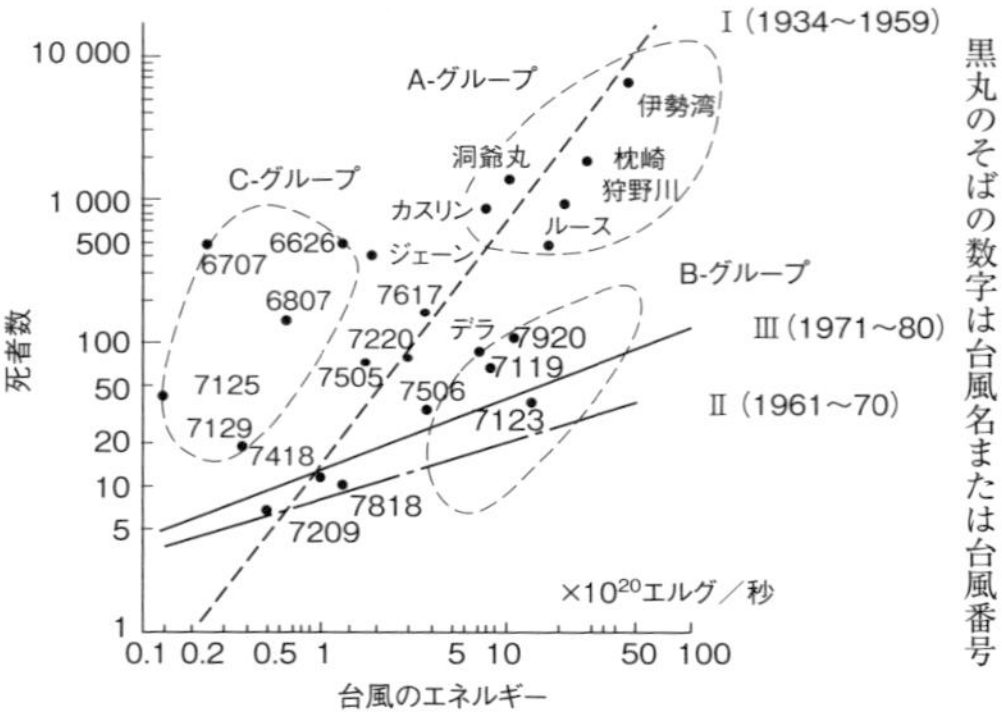

台風のエネルギーと死者の関係
黒丸のそばの数字は台風名または台風番号

インをどうしたら良いか。当然、それは治水、利水と調和のとれたものでなければならず、これからも河川には次々と新しいテーマが出てくることを示す例です。

地球環境の変化を憂える

少し話題を転じて、資源調査会委員の仕事との関係で、われわれの環境をめぐる課題を地球規模でお話したいと思います。資源調査会では大来佐武郎さん方とも相談し、気候資源小委員会で「CO_2の蓄積と気候変動と資源問題に関する調査報告」を昭和五九年一月に報告第九二号として発表しました。気象庁の朝倉正さん、農水省の内嶋善兵衛さん、東大電気工学科の茅陽一さん方に全面的にご協力いただいて、私がとりまとめた報告です。いま、私たちの地球環境にはさまざまな異変が生じていますが、そのなかでも特に心配されているのがCO_2の増加による悪影響です。ここでは、それが気候と資源問題にどういう影響を与えるかについて検討し、日本がこの問題で果たすべき国際的役割を提示したものです。CO_2以外にもフロンガスなどの問題があることも周知のとおりです。

次頁の図は、有名なハワイのマウナ・ロアにおける大気中のCO_2濃度の経年変化を示したものであり、一九五八年には三一五ppm程度であったのが、毎年約五分の一ppmの割合で増え続け、一九八一年には三四〇ppmと、この間に約八パーセントも高くなっています。この報告以後、日本でもCO_2の観測点を設置することになりました。CO_2濃度が増加するとその温室効果によって気温が上昇し、降水量の分布がどうなるかについては、専門家の間で必ずしも統一された見解が出ていませんが、気温、降水量分布、ひいては河川の流量などに相当の影響が出るという説が有力視されています。予測されている事態が現実になると、植物生育の状況変化にはプラス面も含め、資源問題にも大きな影響の出る可能性があります。降水量分布と河川流量の変化については、北緯四〇度付近と南

太田川の環境護岸
〔写真提供：中村良夫氏〕

緯一〇度付近で気温上昇と降水量減少、北緯一〇～二〇度、北緯五〇度以北、南緯三〇度以南で降水量が増加すると、Flohn（一九七八）は解析し、Revelle が次ページ下表のようないくつかの河川の流量変化を推定しています。一推測とはいえ、注目しておくべきでしょう。流量の大幅に減るのが黄河など、著しく洪水流量が増えるのが東南アジアのメコン川、プラマプトラ川などとなっています。

われわれの国際的役割

戦後日本の四〇年の河川の変遷を概観してきましたが、世界史にも稀なこの激動の時期に、高密度な開発が洪水や渇水の状況に鋭敏に影響し、数々の困難な事態をわれわれの社会は大局的にはなんとか凌いできました。戦後のあの激しかった大水害の連続、高度成長期の水不足、水質汚濁、都市水害など、幾多の破綻もあったとはいえ、それに対応する手段を次々と実現し、長期的視点では次々と難問を克服してきているといえます。学問の分野でも行政面でも古い考えにいつまでも捉われずに、次々と頭を切り換え、新しい局面を拓いたことは、それをもたらした激変の度合いから判断すれば、評価に値します。このように、目まぐるしい変化への対応は、きわめて貴重なノウハウです。このノウハウを世界、とりわけこれから都市化が進行する、あるいは進行中の開発途上国に提供するのは、日本の水資源と河川技術者の国際的義務です。

これからは、河川工学、河川技術の面でも国際社会にわれわれはなにを提供できるかを考えなければなりません。その面でも、世界史にも経験しなかった激動のなかでの河川をめぐるさまざまな変化とその対応は、人類の資産とさえいえるものです。国際社会での役割は、欧米のみを過剰に意識せず、むしろアジアのモンスーン地帯という特有の水文条件に位置する河川関係者として、アジアの隣国との関係に留意すべきです。特に、中国とは今世紀に不幸な関係にあったことを深く意識すべきで

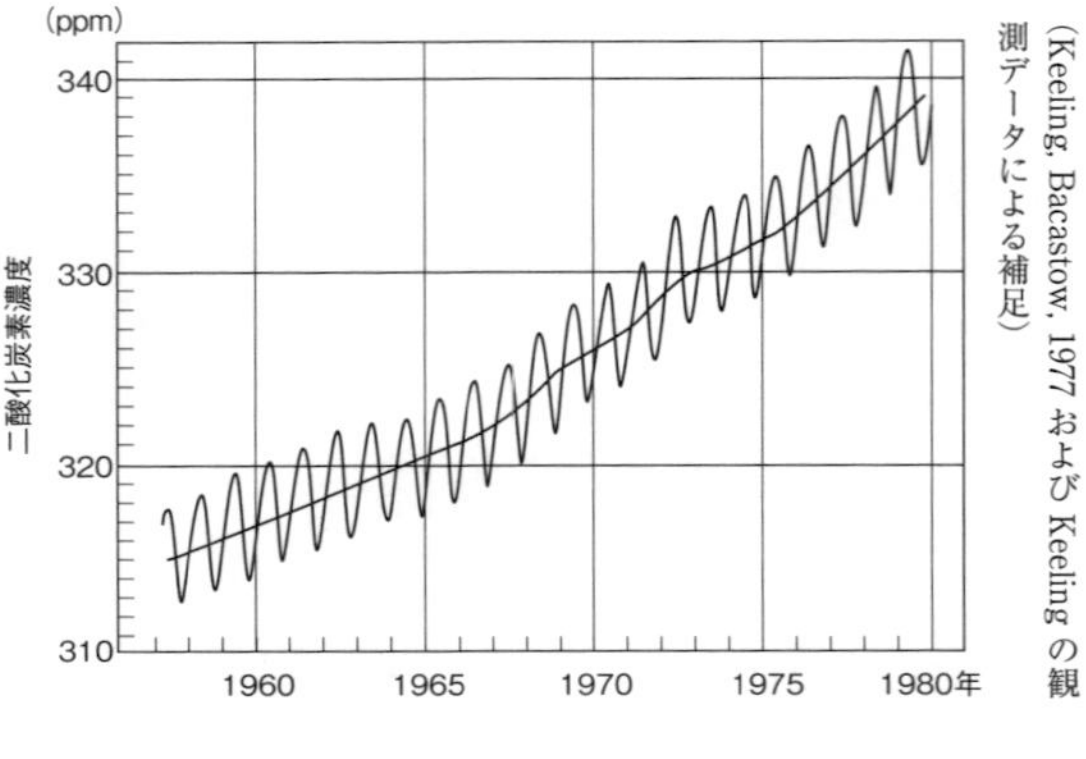

マウナ・ロアにおける大気中の二酸化炭素濃度の経年変化
（Keeling, Bacastow, 1977 および Keeling の観測データによる補足）

しょう。

多くの国際学術会議は、従来欧米中心のリーダーシップによって支配されてきたといえます。それは、明治以前の西欧の科学技術の偉大なる発展と、明治以後の日本がそれをもっぱら輸入することによって欧米を追いかけた状況から、当然のなりゆきでした。いままでは欧米に追いつけ追い越せという明確な目標の下、懸命に走って来ました。ところが、先頭集団に入ってみると、どうも走り方がよくわからず少々困惑しているのが実情です。

ここで私たちは、アジアならではの、日本ならではの水文学、河川の工学と技術の特性を十分に捉えて、それを世界の水文学、河川工学の発展に寄与しなければなるまいと思います。特にこれからの水文学や河川工学は、それぞれの地域特性を重視することによってこそ、その発展が約束されます。特に日本の水環境は、恵まれた微妙な自然の変化を背景に、旺盛な開発による水環境の複雑な変化を経験しています。いまや、欧米によって開発された手法をもっぱら利用してきた時代からわれわれは脱却すべきです。そして、元来、日本特有の水や川に基づいていた自然観に、開発という人間行為が自然に与える影響を加味した、特有の自然観を川を通して把握することの重要性を強調したいと考えます。

日本人の自然観は確かか

ところが、最近は日本人の自然観に狂いが生じていることを心配します。偉そうなことをいっても、人間もしょせん動物の一種です。動物としての人間は、自然界と調和して生きていくことを第一に考えなければなりません。ある面では、人間は動物的感覚を研ぎ澄ましていかなければならないのです。最近の大学生のなかには、リンゴの皮をナイフで剥けない、鉛筆を小刀で削れない、甚だしき

降水分布の変化に伴う河川の流量変化
(Revelle, 1982)

流量変化の程度	河川名
大幅な流量減	コロラド川、黄河、アムダリア・シルダリア川、チグリス・ユーフラテス川、ザンベジ川、サンフランシスコ川
若干の流量減	コンゴ川、ライン川、ポウ川、長江、ダニューブ川、リオ・グランデ川
若干の流量増	ニジェール川、セネガル川、ボルタ川、青ナイル川
著しい流量増と破壊的な洪水の頻発	東南アジアの諸河川（メコン川、ブラマプトラ川など）

はマッチを擦れない者さえいます。動物としての感覚がとみに衰えているのです。「甲虫はデパートの屋上に住んでいる」と思う子どもさえいます。その甲虫もデパートの屋上で生まれ、オガ屑の中で育つと、木にも登れなくなるそうです。人間ばかりではない。都会に住む昆虫や動物もおかしくなってきているのです。それは、生物にとっても一種の危機的状況とさえいえます。

第二次大戦後は、多くの人間が都市で生まれるようになりました。われわれの大部分は、幼い頃は地方の農山漁村に育ち、成人になると都会に出てきて、お盆の故郷帰りを楽しむというパターンでした。つまり、幼い頃に親しんだ自然への懐かしさ、恐ろしさを知っています。ところが、生まれたときからアスファルトとコンクリートに囲まれてきた人間は、いったいどういう自然観を持つことになるのでしょうか。明治初期、首都圏南部の人口は二〇〇万でした。それが、現在はとうとう三〇〇〇万を越えました。その過半は生まれながらの都市人です。その人たちの自然観、生態観は、これからの日本の運命に大きな影響を与えます。都市化による繁栄の喜びをわれわれはただ謳歌していて良いのでしょうか。河川の勉強は、自然観をどう持つかによってまず規定されます。われわれ河川を研究する者の深刻な問題です。自然と人間と社会、しかも動物としての人間の感覚を大事にしながら、この関係のあるべき姿を、われわれはいま一度考え直さなければなりません。

廣井勇教授の生き方を尊ぶ

最後に私の尊敬する廣井勇教授のことを申し上げて、この最終講義を閉じたいと存じます。廣井教授は、明治三二年、北海道大学から東京大学工学部土木工学科へ来られました。それから大正八年まで東大に奉職し、明治の終わりから辞されるまで長く土木工学科の主任教授を務められました。その研究業績、教育成果の数々は、ここで私が申し上げるまでもありません。重要なことは、その素晴らしい生き方です。亡くなられたのは私が生まれた翌年の昭和三年ですので、残念ながら私はお目にかかったことはありません。すべて文献とか聞いた話ですので、なかには伝説も含まれているかもしれません。

廣井教授は、毎日就寝前の三〇分間、静座して一日を省みたそうです。今日の一日、自分は人間として、大学教授として恥ずることはなかったか。大学教授としての使命を誠実に果たしただろうか。北海道で小樽の築港にあたられた先生は、工事中も竣工後も、台風などが来た場合、夜中でも自らが設計した防波堤の点検に駆けつけたとのことです。「講義は寄席ではない」つねに学生にはそういって厳格な講義を続けられました。仕事への燃えるような情熱と、土木技術者としての確固たる責任感こそ、われわれが範とすべき生きざまでしょう。研究論文をたくさん書いたとか、弟子を大勢育てたとか、そんなことは大学教授としては当たり前のことです。なんら誇るようなことはなく、むしろ瑣末なことでしょう。遥かに重要なことは、廣井教授のような生き方です。

大正八年、東大では定年制を設けることになりました。廣井教授は真っ向から反対しました。「人間は死ぬまで働くべきである。仕事を止めるときが死ぬときである」というのが廣井教授のモットーでした。教授会で定年制に強く反対しましたが、衆寡敵せず、その年、東大は満六〇歳を定年とする制度を決定しました。それが定まるや否や、廣井教授は大正八年六月一七日、潔く辞表を提出しました。新しく定められた満六〇歳になお三年を遺しながら。反対者が残っていたのでは後の教授会や教室でお困りであろうと考えたからであり、自分の主張が通らなかった以上、反対したその制度に従うのは自らの良心に反すると考えられたようです。現在の私より三年若かったわけです。範とすべき引き際です。

私はこの三二年間東大に勤めてきましたが、ついに廣井教授の足元にも及ばなかったことを、ただただ恥じ入るのみです。しかし、幸いにして本学土木工学科には優れた後輩の先生方が多数いらっしゃいます。私はなれませんでしたが、このなかから第二の廣井、第三の廣井が輩出されることを期待して、最終講義の結びと致します。長い間ありがとうございました。

■「最終講義」当日配布されたメモ　大学の講義について

大学人としての最後の講義ですので、一九五五年以降三二年間の講義を振り返り、講義についての私見も述べさせて下さい。なお、東京大学退官の折の最終講義の際に、大学の講義の目標について四項目を挙げました。その要点のみ述べます。

（1）個性に満ちていること

すなわち、他の何人にも代えることのできない内容であるべきです。私が主として担当した「河川工学」は、比較的個性を発揮しやすかったことは幸いでした。

（2）わかりやすく、面白いこと

講義は学生諸君に自分の考え、見識、生き方を専門知識を通して伝える場ですから、当然相手に理解され、興味を抱かせるものでなくてはならないでしょう。

（3）正確で明晰な日本語で語ること

日本の大学で、日本人が大部分である学生を相手として講義する場合、当然正確な日本語を語るべきです。本音は、「立派な、格調高い日本語」といいたいのですが、それではあまりに高嶺の花ですので、理想を少し落として、「正確で、明晰な日本語」を目標としました。言語は文化の源泉であり、母国語を大事にするのは、理科文科を問わず、およそ最高学府といわれる大学の人間にとって重要な責務です。

（4）相手に応じて話すこと

これは、前述の三項目とは範疇が異なりますが、ビデオなど情報伝達手段が多様化してきた今日、講義では学生諸君を目の前にして、つねに会話、質疑ができる状況にあることに重要な意味があります。

もっとも、今後はその他、新しい方式の伝達手段を縦横に駆使して、講義をより視覚に訴え、立体的にし、より多様化することが必要と思います。しかしいずれにせよ、講義の場の状況に応じて話すことが必要です。講義は、話す側がリードするとはいえ、聴く側の状況に応じた臨機応変な心構えを必要とします。

以上は、私がつねづね目標としたことであって、残念ながらこのようにできたということではありません。率直にいって、成果はあまり達成できなかったというのが本音です。達成できなかったとはいえ、いまとなっては、つねにその目標達成を心がけていたことを以って満足しています。今後は、その講義歴から得られた反省を、今後の生き方の糧としたいと考えます。

21世紀の河川を考える

[芝浦工業大学最終講義] 一九九八（平成一〇）年三月一二日　芝浦工業大学大講義室

私は、三二年勤めた東京大学定年退官直後の一九八七年四月から一九九八年までの一一年間、芝浦工業大学工学部土木工学科にお世話になった。この退職を機に、菅和利教授らが私の最終講義の開催を企画して下さった。私は東大退官に際しても、最終講義で東大勤務中の河川体験を主体として、「戦後日本の河川を考える」と題して話した。本講演では、私が河川観を形成した経緯と、この大学へ来てから国際的な仕事が急増したので、その活動、そしてこれからの日本の川に期待する所感を述べた。

大学での講義を省みる

私が教師を始めたのは一九五五（昭和三〇）年です。この年に東京大学工学部の専任講師辞令をいただきました。それからちょうど四三年間経ちました。三二年間は東京大学に勤め、東京大学を退官して芝浦工業大学にお世話になり、一一年間こちらで勤めました。実は東京大学退官時にも最終講義をしたので、そのときの最終というのはウソかといわれそうです。そのときに聞かれた方もここに何人かおられますが、今度は本当です（笑）。少なくとも大学での公式の講義としては最後になります。四三年間、東京大学と芝浦工業大学で講義した時間は、正確に計算したわけではありませんが、約七七〇〇時間になります。二四時間で割りますと、三二〇日間話したことになります。それは自分の大学のみで、その他、北は北海道大学から南は琉球大学まで、その間二〇ぐらいの大学で非常勤講師、あるいは特別講義を行いました。北海道大学は土木ではなく、理学部の地学科で集中講義をしました。一九七五年、そのときに地学におられた藤木先生から、集中講義への要請がありました。札幌の雪祭りの前後に札幌へ行き、一週間ほどつき合いました。琉球大学の講義は一九八六年。これは東大の定年間近の頃です。このときは、土木工学科での講義でした。その他、土木、地理学科、それから農業工学科などです。

今、玉井先生が講義されていると思いますが、東大にいたときに、農業工学科の河川工学の講義を約二〇年致しました。

非常勤講師としてはその他、武蔵工業大学で河川工学、それから東京工業大学に土木工学科ができる前に、建築の学生に測量学の実習も担当しました。昭和三〇年代ですから、もっぱら旧式のトランシットとレベルの時代です。学生と一緒に測量して回ったので、東工大の地形はよく知っています。建築の学生には土木工学概論も講義しています。名古屋大学も二〇年ぐらい。これは年に一回行くだけでした。

そのなかで私が一番印象に残っているのは、一九六三（昭和三八）年一月の山形大学農学部農業工学科の集中講義です。

前年の秋頃、農学工学の久保先生から大変分厚いお手紙が届きました。まだ面識はありません。何事ぞと思って開けてみると、要するに講義に来いということなのですが、講義を頼む事情が綿々と書

芝浦工業大学最終講義の模様

かれてありました。「実は、安藝皎一（こういち）先生に頼み、教授会も通した。自分の責任で教授会を通したものを取り下げるのは、私の一生の恥になる」「ところが、安藝皎一先生はバンコクへ行ってしまわれたからお願いできなくなった。それで、その講座の助教授の志村博康先生とご相談した結果、あなたに依頼することとなった」と書いてありました。まあ、引き受けざるを得ないと思ってテーマを見たら、なんと講義が国土計画論です。安藝先生なら国土計画論でお願いできるでしょう。これは大変なことだと思いましたが、やむを得ず、安藝先生の代理なら名誉でもあるし、引き受けることにしました。

農学部は鶴岡にあります。その頃は新幹線がまだでしたから、上野駅から夜行の「鳥海」に乗り、一月のある日の朝、まだ暗いうちに鶴岡の駅に着きました。鶴岡駅には、久保先生と助教授の志村先生にお迎えいただきました。久保先生はそのときに初めて、志村先生は前々から存じ上げておりました。私が東大で大学院の講義をしているとき、まだ志村先生は農学部の学生で、わざわざ聞きに来て下さっておりましたし、よく存じていました。例によって満面に笑みをたたえてお出迎えになりましたが、久保先生の方は緊張の面持ちでした。緊張するのはこっちのはずですが……。

「よくいらっしゃいました。じゃ、よろしく」と挨拶を交わし、それで、タクシーにでも乗って旅館に案内して下さると思いきや、甘かったんですね。久保先生いわく、「これから三〇分すると、始発のバスが駅から出ます。それまで、どうぞ待合室でお待ちいただきたい」

昭和三八年の鶴岡駅の待合室は、暖房といってもだるまストーブがひとつ。いまのように暖房完備の時代ではありません。ストーブのそばに行きましたが、背中は寒かった。

三〇分後、確かにバスが来ました。「やれやれ、やっと来たか。これで旅館に案内してくれるか」と思ったのが誤算でした。「これから旅館に行きますと、朝の講義に間に合いません」そんなはずはなかろうと思ったんですが、「まずは、大学の小使室へご案内いたします」

「小使い」という言葉は、いまは差別用語でしょうが、その頃は普通に使っていましたし、小使いさんもそれを「けしからん」とは思わなかったと思います。

ともかく小使室へ行きまして、「まあまあ、朝飯でもどうぞ」私は朝飯を食べないので、朝飯は要りませんといったら、ちょっと困られたんですね。何か怒って食べないのかと思ったのかもしれません。

とにかくにも、そこで久保先生と志村先生の監視付きで、三人で講義を待ちました。「講義は八時三〇分からです。八時二八分になりましたら、私が講義室にご案内しまして、先生をご紹介いたします」、最初だからもっともと思いました。

「一学期分の非常勤講師ですから、一五週分講義してください」

普通はごまかしてくれるんです。一五週まとめてというのは容易ではないですが、久保先生は堅いので、「一五週分話していただくには八時半から五時まで四日間、びっちり講義してください」(笑)。

「講義の終わる頃、私が教室にお出迎えに上がります」

午前二コマ、午後二コマ、ずっと送り迎えをいただき、恐れ多いというか、ありがた迷惑というか……。そんな調子でした。

夜になると、志村先生を始め、若い先生方に酒場へ連れて行かれ、ごちそうになりました。「いや、あの先生のいうことを聞いていたら殺されますよ。講義の途中で適当に休んで下さい。小使室へ帰ってしまうとバレますから、講義の途中で適当に休まないと大変ですよ」。いろいろ秘策を教えていただきました。

それから四日目、朝、目を覚ますと、一面の雪。当たり前です。鶴岡の一月ですから。いや、それがまたものすごい雪でした。窓が見えないくらい積もっている。「いや、これでは今日は休講かな」などと考えていましたら、またもや甘かった。やがて久保先生から電話がありまして、「今日は鶴岡三〇年来の豪雪です」。北陸から東北にかけて「三八豪雪」と呼ばれる大変な豪雪の年だったんです。

「今日は三〇年来の豪雪。市内の交通は一切ストップ。先生が大学へ来られるのはとても容易ではありません。これから小使を宿に遣わしますから、先生はその背中におぶさって大学へ来てください」（笑）。

やがて小使さんが見えました。で、背中におぶさるのも申し訳ないので、小使さんがラッセルで道をつくって、踏み固めてすべらないようにした後にしたがって教室へ行きました。すると驚いたことに学生が全員出席していました。廊下には、スキーやかんじきが、ずらりと並んでいました。

全員遅刻せずに来ていたのには驚きました。この先生にしてこの学生あり（笑）。教員の態度が学生に反映することをつくづくと教えていただきました。講義というものは適当にごまかすものではない。内容はもちろんですが。私は助教授になったばかりの頃ですので、これは大変な教訓になりました。

あるとき、久保先生に大学の農業土木教室の図書室にご案内いただきました。几帳面な先生だけあって、歴代の卒業生の卒業論文が、同じように製本してずらっと並んでいます。それを見ていましたら、「久保ダム」とあるんです。下久保ダムは利根川水系の神流川にあるけれど、久保ダムがこの辺りにあるのかなと思い、私が足を止めたら、久保先生がにこやかに、「これは私の娘の卒業論文です」なにしろ娘さんに片仮名で「ダム」と名前をつけるだけでも容易ならざる方です（笑）。旅館では、ダム子ちゃん、ダム子ちゃんといっていましたが、正式には久保ダムさんです。なかなか信じ難い話ですが…。

その久保ダムさんは、国家公務員の上級職に合格され、農林水産省の農業土木試験所にお勤めになり、そこでダムの実験をされておられました。「この親にして、この子あり」ということになるのでしょうか。三八豪雪とともに、山形大学の講義は、未だによく憶えております。

ところが、その豪雪の日の午後、私はついに声が出なくなりました。寒いなかで四日間、八時半から昼休みを一時間挟んで夕方五時までです。その頃は若かったからスタミナがよくわからなかったんです。「この先生だからまじめに講義せねばならぬ」と懸命に頑張ったんです。マイクはありません。

当時、マイクを使うのは東大法学部ぐらいのもので、普通のエンジニアの教育では、どの大学もマイクは使わなかったでしょう。ともかくスタミナ配分を誤り、四日目の午後、ついに声が出なくなりました。しかし、講義はせねばならない。それでやむを得ず、国土計画論ですが、学生をごまかして、相似律の計算問題を出題し、できた者は黒板へ行って書けという形で進めました。なにしろ、その間は黙っていられますから。それにしても、こういう堅い先生は、もういなくなったかもしれませんね。惜しいことです。

熱海のある宿で、私と志村博康さんと東京工大の亡くなられた華山謙さん、そして日大の岡本雅美さんと四人でだべっていたときに、「農業土木界日本三奇人は誰か」をテーマに議論しました。皆が、山形大学の久保先生は必ず挙げるんです。あと二人目、三人目は人によって選択が違いました。ついでに、「土木界三奇人は誰だ」「東日本土木界にほら吹き三忠がいる」など、いろいろな話をしていました。志村さん、華山さんはいまは亡く、もう私と岡本さんだけです。岡本さんは依然としてお元気で、華山さん、志村さんの分くらい雄弁にいまもご活躍です。

講義というのは、学生に教えられることが多いですね。一例を挙げると、武蔵工業大学で河川工学の講義を仰せつかりました。あるとき、土木の西脇先生から電話がかかってきました。私の家は、幸か不幸か武蔵工業大学に大変近いのです。「先生、東大に行く前に、朝、ちょっと寄って話していただければ」などと、まんまと担がれ、講義を担当しました。昭和三〇年代後半から四〇年代にかけての頃です。学生気質というのも、三〇年代、四〇年代、だんだん変わってきました。これからお話するのは、三〇年代後半から四〇年代にかけての武蔵工業大学の学生との経験です。

試験が終わると、大勢私の家へ四、五人は必ず押しかけてきます。一升ビンを持ったり、あるときには、ある学生はさっきまで生きていたと思われるようなヤマドリを一羽持ってきました。家内は料理に大変苦労したようです。アユをたくさん持ってきた学生もいました。学生さんは、私が料理するといい、台所に行って、きれいに料理して、食べられるようにして帰る。東京大学ではそんな学生は聞いたことがなく、芝浦工大でもそういう経験はありませんでした。今は、どこの私立大学でもそういうことはないでしょう。面接の再試験をして合格にしましたが、これはよく考えますと、収賄罪が成り立つのかどうか（笑）。第一、もう時効です。

そのなかの学生がいいました。「先生、学生にとって試験というのは終わった後が大事なんです」なるほど、そういう発想があるんだなと思い知らされました（笑）。

これは大変な教訓でした。なにかある目標を掲げる。それに達した。皆、そこで安心してしまうんですね。あるいはあきらめる。その後が大事ということは、意外な教訓でした。博士論文を書いてしまうと、もうなにも研究しない人がいます。博士論文というのは研究の始まりで、これは、君も研究する資格があるぞと認められたのです。それを踏み台にして研究していくのであって、博士論文も合格した後が大事です。何事も、ある目標を達した後が大事だと、学生に教えられました。

講義が終わる際に行う学生への無記名アンケートには、無記名なのでお世辞とは限らないと思いますが、それに教えられたことはたくさんあります。一年生で土木の歴史の講義をしており、われわれの偉大な先輩の話などをときどきしました。しかし、学生の一部はどうもあまりそういう話を聞きたくないのでしょう。「美談の話はやめて」と書いてありました。一学年一〇〇人もいる学生は、それぞれ講義へ来るときの態度や意気込みなど、皆が同じように聞くものではないでしょう。ですから、全員が満足するような講義というのは、至難の業だとつくづく感じました。

大学の講義について考えることなどを私なりに目標を掲げたつもりですが、どうもそのとおりにはいかず、とうとう最終講義まで来てしまいました。いま悔いても始まりませんが、思い出はきりがありません。

学生時代の川体験

私の最初の川とのつき合いは、昭和二三年の大学二年のときの夏期実習における雄物川です。そのときに先輩の野島虎治さんが建設省秋田工事事務所に居られました。その後、各地でご活躍され、最後はＩＮＡの副社長をされ、数年前に亡くなられました。

野島さんとは、東京大学第二工学部学生時代に一緒に野球をしました。野島さんは、旧制高校時代、後楽園球場で行われた当時のインターハイに、旅順高校のキャッチャーとして参加した経歴の持ち主です。東大土木の野球チームで、野島さんがピッチャー、私はショートかサードをやっていた仲です。所長が和里田新平さんです。皆さんがご存知の和里田義雄（元国土地理院長）さんの父君です。

ここで、ツツガムシというものを初めて聞きました。「測量に行ったら、雄物川にはツツガムシがいるから気を付けなさい」。時代が時代で、そこはドブロクの産地だったのです。測量するために雄物川の中流部へ行くと、人夫を雇います。一週間に一回、人夫賃を払うと、人夫たちがお礼に、皆、一升ビンのドブロクを持ってくるんです。下四分の一ぐらいお米の粒が見えるようなドブロクを初めて大量に飲まされました。測量の途中に農家に寄ると、お茶一杯というのがドブロクでした。昼間飲んで、午後の深浅測量で船に乗ると、船酔いに酒の酔いが重なり、相当参りました。ともかく、ドブロクにはだいぶ鍛えられました。

翌年、大学三年になり、私は安藝皎一先生と井口昌平先生のご指導のもと、「信濃川大河津分水の完成によって、川とその流域にどのような影響が出たか」を卒業論文のテーマとして与えられました。その後、つらつら考えますに、良いテーマをいただいたと思います。川に大工事を施せば、所期の目的は達成しても、必ずその他予想し難い影響が起こるということを、その卒業論文で教えられました。これが、私の河川観に大きな影響を与えました。そのときに、卒論の実習生として新潟県に行きましたが、実習生の担当が、今日もお見えいただいている竹内良夫さんでした。

その後、運輸省の方に会うと、竹内さんの部下になると大変だという話はよく聞きました。鍛えられていい技師になるという意味か、よくわかりませんが…。その頃、竹内さんのあだ名は「鉄腕アトム」でした。空を飛ぶわけではないけれど、超人的で顔が似ているという説もあります（笑）。

東京大学第二工学部

私は、東京大学第二工学部には昭和二二年に入学し、昭和二五年に卒業しました。若い方はご存知ないでしょうが、第二工学部というと、「あ、東大にも夜学があったんですか」といわれる方がいます。昭和一六年に、戦争の影響で技術者を大勢養成する必要に迫られて、西千葉に第二工学部が設立されました。本郷キャンパスは第一工学部となり、入試は同時に行い、両方の学生を平等に分けたのです。第一に行くか、第二に行くかは全くの運です。第二工学部は昭和二六年末をもって閉部しました。戦争に協力した学部であるというので、南原繁さんや大内兵衛さんなど、戦争に反対された方からみれば、戦争に協力した学部は戦争が終われば廃止すべきであると考えたんですね。

私は昭和三〇年から本郷に勤めて、自分が受けた教育が本郷と非常に違っていたことを知りました。自分が学生のときはわかりませんでした。たとえば、卒業論文。昭和三〇年頃の本郷では、ケーススタディはひとつもありませんでした。私は第二工学部での卒業論文は信濃川ですし、私の同級生の六割はケーススタディでした。私の同級生は、八丈島へ行って風力発電を設計したり、富士山の頂上へのロープウェイを設計したりと、すべて実学でした。第二工学部の土木の教官人事案は当初、主として福田武雄先生が担当でした。西千葉へ来られて理想に燃えて大変張り切られ、教授を全部現場から集められました。本郷の先生は全くアカデミシャンですが、私が受けた西千葉の教育は違いました。その福田先生と大学を出たばかりの井口昌平先生は本郷からご一緒に来られました。他の教授はすべて、現場経験豊富な方ばかりでした。安藝皎一先生は、内務省の富士川の所長をしておられました。関門トンネルを実際に指揮された釘宮磐先生がトンネル工学などの土木施工です。ですから、卒論もケーススタディが多く、いわば実学でした。本郷に来て、昭和三〇年代の半ばぐらいになると、八十島義之助教授がケーススタディを卒論で指導されるようになりましたが、「学問というのは理論が重要であり、そして実験を積み重ねることによって検証するのが学問である」というのが本郷の教育姿勢でした。ですから、そのときには気がつかなかったのですが、他の先生から見ると、「アイツ、変なことをやっている」と嫌われたようです。追い出せという話があったことを、最近になって各方面から聞きます（笑）。第二工学部出身から本郷の土木工学科の教授になって、定年まで東大にいたのは私ひとりです。

第二工学部の土木を実質上育てた福田武雄先生からよく話を伺う機会がありました。第二工学部は工部大学校に倣い、実際に役に立つ人材を育てる方針とお聞きしました。明治一〇年から一五年の間に、工部省、いまでいう通産省がつくった工部大学校の教育が実学でした。先生は、第二工学部ではそういう教育でなければならないと思っていたのです。

その後は、本郷教育批判になって、「本郷の先生方の教育は、第二工学部に比べ、現実社会の役に立っているのだろうか」と福田先生はよくおっしゃっていました。

どうやら第二工学部卒業生は、土木についての考え方は違うようです。入るときは偶然分かれたんです。ところが、社会に出ると明らかに違うんです。初代関空社長の竹内良夫さんも第二工学部、本日おいでのＩＮＡの高居社長も第二工学部です。少し変わった人が第二工学部出に多いようです（笑）。本郷の教育と非常に違うというのは本郷へ勤めてわかったことです。教育というのは恐ろしいと思いました。

もっとも、本郷のそばに住んでいた私の同級の吉武公夫君は、本郷のそばから西千葉へ通うので、その頃通っていた一九番の都電に乗って、東大の正門へ来ると、車掌さんになぜ降りないのかといわれ、それから第二工学部へ行くのがすっかり嫌になって、彼はほとんど大学へ来ませんでした。第一工学部の学生だったら、もう少し大学へ通ったと思います。

一九五三年の筑後川水害後の調査の際、筑後川上流の熊本県小国の林野庁の試験地で上野巳熊さんと話していて気がついたのですが、気象官養成所を出られた方には、ユニークな方が大勢おられます。昔教えていただいた先生を大変愛惜を込めて話すし、実学を教えられたので、雨量観測の精神を教えておられたという気がしました。

つまり、明治初めの工部大学校、東京大学第二工学部、気象官養成所。何か共通したものをつくづく感じ、それを教訓にして私は四〇年勤めたつもりですが、成果はどうですか、怪しいものです。その後、大学院で五年間勉強し、昭和三〇年から東京大学で教鞭をとり、研究を始めました。

上野巴熊さんと小国にて　一九五六年八月、筑後川上流小国雨量観測所（林野庁）

他の学問研究者とのつき合い

応用地質学者の小出博さんや農業水利学者の新沢嘉芽統さん方としばしば現場を訪ねたことが貴重な経験となりました。工学部の土木工学科にいると、建設省側の情報が多く入る。で、両方の言い分を聞かないといけないと考えていました。私はその頃から、工学系土木以外、住民の意見をもっと聞けと主張してきました。当時の役所は最近とは違っていました。住民でも専門家以上に川を知っているケースがいくらでもあります。

一九七二年の全国的な水害の後、私は山村振興調査会からご依頼を受け、川の上流部、ダムで沈む地域の人たちの立場を勉強する機会がありました。当時は、ダムに反対するのは怪しからんとでもいいたげなムードがあるなかで、上流側の人たちのいうことを聞く機会を得たのは、大変勉強になりました。

昭和四七年の江の川の災害のときも、NHK松江放送局から頼まれて、直後に現場へ行き放送しましたが、一年後、「災害から一年」という番組に江の川の邑智村の村長さんと出演しました。村長さんが「災害から一年経ったが、まだ鉄道橋は復旧していない。東海道線だったらそんなことはないだろう。こういう僻地だから大変差別がある」と話し、私がなにかコメントする立場でした。NHKの七時の番組の時間に合わせたのでしょうか、橋が流されたままで、船で学生たちが通学する風景を撮影していました。それを見ながら、このとおりまだ鉄道は使えないというわけです。一九七三年の放送風景です。

一九七七年一二月、韓国の経団連に呼ばれた講演で、都市水害の話をしました。韓国でもやがて都市水害が起こるという話をしたら、その年に大田で都市水害が起こっていて、君のいうとおりだといわれたことがあります。

アジアのなかの日本

私は、芝浦工大赴任の一九八七年の夏に、北朝鮮（朝鮮民主主義人民共和国）に招待され、各地をご案内いただきました。日本に対する考え方は北も南も一緒で、戦後、日本との歴史を徹底的に教育しています。南北朝鮮、中国へ行くと、この二〇世紀前半の歴史を回顧せざるを得ません。これから若い方が中国や韓国の方とつき合うときに、二〇世紀前半、日本とはどういう関係にあったかを十分勉強していくことをお勧めします。向こうの若い方は、この二〇世紀前半の日本との関係を徹底的に教えられています。日本の若い人がよく知らないことは問題です。われわれは、この一三〇年の近代化のなかで、ヨーロッパとアメリカを向いていました。しかし、日本の近くの東および東南アジアの

NHK出演中の一コマ　一九七三年、江の川中流部邑智町（当時は村）、NHKの七二年梅雨前線豪雨災害から一年の朝の番組に出演中の一コマ

国をどれだけ知り、考えたか。アジアのなかの日本を考えたい。

アジア諸国もまた、アメリカやヨーロッパの方を向いています。単に文化だけではなくて、治水事業に関連する学問に至るまでそういう関係があり、アジアがバラバラになって、アメリカやヨーロッパとの依存関係があるのは大変残念なことです。まず、アジア、特に東南アジア、モンスーン地帯の人々は、お互いの川、お互いの治水の技術や歴史を知ることから始めるべきです。

われわれは、アジアの長江や黄河、メコン川ぐらいまでは誰でもある程度知っていますが、おそらく皆さん、パプアニューギニアやマレーシアの川、インドネシアだとブンガワン・ソロは歌があるから知っているかもしれませんが、他の川はあまりご存知ないと思います。

川を勉強している者でも、アジアの川のことをあまり知らない。正確でないにせよ、ミシシッピ川やライン川、ドナウ川などは相当多くの方は知っています。どこを流れているくらいは知っています。ところが皆さん、韓国、タイ、フィリピン、パプアニューギニアの川はあまり知らないでしょう。

川に限らず、われわれは欧米と比べて近隣の国のことを知らなすぎる。アジアの川や文化、歴史をお互いに知ることによって、相互理解が深まります。中国の川を毎年見るにつけ、日本と中国や韓国の二〇世紀前半の歴史の重みをつくづく感じざるを得ませんでした。

水害に見る視点

一九八七年から私は芝浦工業大学にお世話になりましたが、それまでの私の川の勉強を要約します。

筑後川の水害調査を調べることで、「連続高堤防方式による河川改修は洪水流量を増やす」、狩野川

韓国での講演　一九七七年一二月、韓国経団連の招待で、日本の都市水害の現状と原因について講演。司会者は、途中で、今年の大田で発生した都市水害の原因はまさに無秩序な都市化に違いないと発言。満場、どよめいた

台風における東京と横浜の水害を見て、「都市化は新しい型の水害を起こす」ことに気づきました。狩野川台風のときに、東京、横浜の新興住宅地が被災したのです。一九七二年に天草上島の土石流調査は、実際には関東学院大学の宮村忠さんの調査ですが、天草上島の土石流の壊れた家、亡くなった人を細かく分析され、分家の被災率が断然高く、本家の被災率が非常に低いことを見出しました。宮村さんだからできた現地調査ともいえます。通常、役場へ行って簡単には戸籍を見せてくれません。見せるべきものではないでしょう。彼はなんとかそういうものを入手する術を心得ています。

一九六一年の伊那谷水害、昭和三六年六月三〇日のいわゆる三六・六豪雨という梅雨前線は小出さんも現地を見られて、被災しているのはほとんど分家だとわかりました。われわれは、正確に調べなければいけないと考えていました。そこで、天草災害のとき、宮村さんにその点に重点を置いて調べていただき、実証されたわけです。山村の土石流では、本家まで被災するのが本当の天災でしょう。本家でも被災することはあります。ただ、一般的には被災比率は非常に違うということです。

ユネスコでのＩＨＰ活動

一九八七年一二月七日、私の東京大学退官記念シンポジウム『東アジアの河川と水資源』が虎ノ門パストラルで開かれました。このシンポジウムは、東京大学の玉井信行教授が組織委員長となり、北朝鮮から一名、大韓民国から二名、中国から通訳含めて五名、台湾から二名、香港からJayawardana教授、計一一名を招いて挙行されました。この直前の一一月二九日、大韓航空機がミャンマー沖で消息を経った直後だったため、南北朝鮮の方を同時にお招きするのに少々苦労しました。この年の夏、私はまず平壌と北京へ行き、このシンポジウムの趣旨を伝え、国交のない北朝鮮、台湾から同じテーブルに着いて議論することをお願いしました。招待する方々がすべて国家公務員、もしくは国立大学教授だったので、慎重を期す必要があったからです。それぞれの立場は、シンポジウムでは国名を一切出さず、都市名のみとすることで合意して下さいました。したがって、シンポジウムでは、北京、平壌、ソウル、香港、台北からの来訪者として紹介しました。すでに申しましたように、特に中国、朝鮮半島との二〇世紀前半の歴史には、日本は責任を持つべき部分が多いと考えていました。私の力はたいしたことはありませんが、現在分かれている国々の方々が一堂に会する機会を持ちたいとつねづね念願していたので、このような東アジアの人々と話し合うシンポジウムを開かせていただきました。

お互いそれぞれの国の河川や水資源の最近の情報を知らなかったので、台北と北京、そしてソウルと平壌の方々も大変喜んで下さいました。現在、香港は中国に入り、台湾との関係も幾分好転しましたが、今から一一年前の話です。

私のこの意識の延長線上に、ユネスコのＩＨＰ（国際水文学計画事業）における東南アジア・太平洋地域運営委員会（RSC：Regional Steering Committee on South-Eastern Asia and the Pacific）の設立と育成があります。私が芝浦工業大学に移った翌一九八八年からユネスコＩＨＰ政府間理事会の日本政府代表あるいは同委員会副会長として約一〇回パリに赴きました。

同理事会は、隔年パリで開かれていました。同理事会およびその他の国際会議などの経験から、先ほど述べましたように、アジア諸国の専門家がもっぱら欧米を向いて、東および東南アジアの水事情を相互に知らないことが心配になったからです。そこで、前述のＲＳＣを設け、初代委員長となり、毎年それぞれの国の代表に集まっていただいて、シンポジウムを開き、『River Catalogue Ⅰ巻』を作成するまでに至りました。そのために、この推進役の山梨大学の竹内邦良教授と東南アジア・太平洋の国々を回り、趣旨を説明し協力を得ることができました。この間、文部省国際学術課には並々ならぬご援助をいただき、名古屋大学名誉教授の地球物理学者の樋口敬二さんには大変お世話になりました。

ユネスコＩＨＰ政府間理事会　一九八八～一九九七年まで隔年開催されるユネスコＩＨＰ政府間理事会に政府代表として出席。一九九〇～九二年は副議長を務めた

水危機と世界水会議

ＩＨＰの方は、芝浦工大退職を契機に、すべて竹内邦良さんにお任せすることにしました。一方、昨年モントリオールで発会に漕ぎ着けた世界水会議ＷＷＣ（World Water Council）の仕事は、いましばらく続けさせていただきます。一九九四年、エジプトのカイロでＩＷＲＡ（国際水資源学会）の総会が開かれた際に、水関係の約一〇の国際学会の幹部が集まり、それらを横断する組織をつくり、来るべき二一世紀における地球の水危機に備えるために、ＷＷＣ設立が定められました。私はその暫定理事会の理事に選ばれましたが、昨年九月に正式に発会し、最初の総会で三二人の理事のひとりに選出されました。従来、水に関わる国際学会は、水理学、水文学、水道、水質汚染など、それぞれ成果を上げてきていますが、地球環境問題の深刻化とともに、地球の水問題に対処する総合的な組織が必要であるとの認識に立って、大同団結することになったのです。もちろん、個々の国際学会は従来どおりの活躍を続けますが、それら学会代表者が発起人になって、International Water Policy Think TankとしてＷＷＣが設立され、活動を開始しました。ここには、前述の多くの水関連の国際学会の代表、ＵＮＥＳＣＯ、ＵＮＤＰ、ＷＭＯをはじめ、世界銀行などの代表も理事に加わっています。

一九九五年八月、世界銀行のセラゲルディン副総裁がワシントンＤＣでの記者会見で、「二〇世紀の戦争は主に石油が原因だったが、二一世紀には水が原因の国際紛争が発生する恐れがある」と発言し、それが世界のマスメディアを駆けめぐりました。彼もまた、ＷＷＣの重要メンバーの理事ですが、この二一世紀の地球の水危機に対し、水の専門家集団は何をすべきか、どういう国際協力をすべきか、学問は何をすべきかを協議し、行動に結びつけようとしてＷＷＣは結成されました。

特に水問題におけるアジアの課題は、日本にとって重要です。表は、大陸別の一九九五年の人口の実績と二〇三〇年の予測値です。欧米先進国の人口は微増で、日本はご存知のように一〇年後から人口が減少すると予測されていますが、アジアとアフリカは人口の激増が予測されています。地球上の総人口は来年には六〇億に達し、二〇五〇年には九〇億と予想されていますが、これから増加する三〇億の人口は、主としてアジアとアフリカの途上国です。セラゲルディン副総裁によると、途上国で現在年間四〇〇万人が水不足、水汚染が原因の伝染病などで死亡しているとのことです。それらの国々の人口がこれから激増しますが、新たに増加する三〇億人もの水資源を開発したり、水処理ができるとは到底考えられません。増加した人口の相当部分は大都市へ集まります。一〇〇〇万人の巨大都市がアジアに次々出現し、そこでは水不足と新型都市水害にあえぐスラムも多く生まれるでしょう。アジアで最初に近代化に成功した日本は、これから日本の跡を追って経済発展する途上国に対して、技術援助のみならず、われわれの貴重な経験を踏まえて、アジア人として、地球人として一緒に考える責任があります。

大陸名	1995 年	2030 年
ヨーロッパ	7.31	7.42
北アメリカ	2.95	3.68
オセアニア	0.29	0.39
アジア	34.00	51.00
中南米	4.75	7.15
アフリカ	7.20	16.00

大陸別人口推移（億人）

河川をめぐる新しい動き

私が、芝浦工業大学に勤めた一一年間、日本も世界も、河川行政と技術の内容が急速に変わってきました。一九九三年ミシシッピ川の大水害の調査に、土木学会から派遣されました。ミシシッピ川では、この大水害に鑑みて、治水の考え方が大きく変わりました。従来からアメリカでは治水政策としての氾濫原管理に力を入れていましたが、この大水害以後、その方針をいっそう強く進めることにしています。

一九九五年冬、ヨーロッパ大水害の際も、土木学会から派遣され視察調査しました。ドイツ、オランダ、ベルギー、フランス各国の被災地を回り、国情によって治水方針の変化の内容が若干異なりますが、共通していえることは、洪水対策とエコロジー、さらに農地利用とを同時に考えようとする姿勢でした。フランスでは河川局は環境省の内局ですが、ここでも洪水対策と遊水池、湿地との関係を重要なテーマとして検討していると聞きました。もはや欧米ではハードな河川改修事業だけで治水を考える国はなくなりつつあります。

日本の河川行政も大きく変わりつつあります。一九九五年三月、河川審議会河川環境小委員会から「今後の河川環境のあり方」を大臣へ答申しました。その結論の要点は、「河川は生物の生息・生育の場である」ことを第一に明言しました。つまり、これからの河川事業を行うにあたっては、生物が生育できるようにしなければならないということです。生態学者にとっては以前から当然とお考えのことでしょうが、従来、洪水対策、あるいは水資源開発を主眼に考えていた河川行政にとっては、きわめて新しい提言といえます。この委員会には、従来、河川審議会委員としてお願いしていなかった多方面の方々に参加いただいたので、このような新しい報告が出来上がったと考えられます。私も委員長としてお手伝いしましたが、この小委員会の人選をされた当時の河川局河川計画課長の尾田栄章さん（元河川局長）、直接担当の関正和さんの功績であると思います。関さんは、その後ガンで夭折されたのは悲痛の極みです。その最初の委員会で多数のスライドによる熱情こもった説明をされた光景が、いまもなお瞼に浮かびます。委員のなかには、それを聞かれて建設省の河川技術者は変わったといって驚かれた方が多数おられました。

翌九六年河川審議会は、「二一世紀の社会を展望した今後の河川整備の基本的方向について」を大臣に答申しています。ここでは、三六五日の河川、流域の視点など、より進歩的提言が散りばめられ、河川行政の大転換が期待される内容です。この報告については、反体制の方々さえ評価しています。もっとも、それが実現してこそ価値があるとの注釈がついていますが、両答申とも記者レクチャーは私がしましたので、いささか自画自賛で恐縮ですが、率直にいって新聞記者の反応はいまひとつでした。特に前者の発表の一九九五年三月は、ちょうど長良川河口堰完成直後で、ゲートの開閉をめぐって紛糾中であり記者諸氏の目はもっぱらそちらに向いており、それに関する質問でした。この答申における「流域の視点」とは、河川は全流域を眺めなければならないとの意味で、「流域が変われば川が変わる。流域に住む人間と川との関係を重要な視点として河川行政も、おそらく河川工学も考えなければならない」ことを意味します。省みれば、従来の河川工学はいわば河道工学であり、人間不在の河川工学であったといえます。

私が大学院時代の筑後川水害調査で、大規模河川改修をすれば洪水流量が増すと結論を出したのに対して、二〇代の若造がけしからんとの河川行政側の意見もあったようで、行政の方々のなかには自信と愛省精神のあまり、被害妄想に陥りやすい方も少なくないようです（笑）。もっとも、私の説を聞いて、明治以来の治水は間違っていたと解釈された方々は少なからずおられたようです。私が申し上げたいのは、信濃川の卒論でも述べましたように、河川に大規模な工事をすれば、所期の目的は達しても、副作用として洪水の形も河状も必ず変わるということです。

私はその当時から現在まで、自分の考えはあまり変わっていないと思っていますが、最近の建設省の方々は「高橋もこのごろは大変ものの考え方が変わってよくなった」とお褒め下さるようになったと聞きます（笑）。私は建設省の河川行政が著しく変わったと思っていますが、誰も自分を原点としてものを考えますので、両方とも正しい判断でしょう。両方で結構だといっていれば、めでたしめでたしですが…（笑）。

21世紀の河川を考える——健全な水循環に向かって

本日のテーマは、私の今までのささやかな河川経験に基づいての「二一世紀の河川を考える」です。二一世紀を考えるにあたっては、二〇世紀、日本の河川はどんな経路をたどってきたかを考えるべきであるとの立場から、もっぱら過去と現在の話をしてきました。二〇世紀は地球をあげての「開発の世紀」でした。特にわが国は、戦前の近代化、戦後の都市化の大波とともに、流域の盛んな開発に応じて、河川にも多くの事業が行われてきました。その開発が、川の立場から考えると、自然のリズムの基本である水循環を著しく変えてしまったのです。

これからの水行政、水文学でのキーワードは、「水循環」です。自然界の水循環は、自然のリズムが基本です。水の立場から環境、資源問題を考える場合、水循環から見直す姿勢が重要です。河川事業に限らず、あらゆる開発事業を行う場合に、それが水循環にどのような影響を与えるか予測し、もしそれに不適切なものが含まれるならば、事前にその対策を立てておくべきです。

思えば、二〇世紀においては、開発と水循環の関係については十分には考えませんでした。ところが、高度成長期の都市化は、都市河川流域の水循環を著しく変えてしまい、そのため新型都市水害の発生をはじめ、さまざまな悪影響をわれわれの地域に、国土にもたらしてしまいました。都市化による都市河川洪水流量の増加は、もはや説明を要しないでしょう。一方、都市における小河川や水路の平常の流量が激減し、雨水を排出する下水道の普及がこの傾向に拍車をかけました。こうして、水路や濠は次々と埋め立てられ、暗渠化されました。東京山手の城南三河川といわれる渋谷川、目黒川、呑川の平常流量が減少したので、一九九五年から落合処理場の下水処理水から毎秒一立方メートルを清流復活の名の下に注ぎ込まれています。

水循環の変化による望ましくない影響のひとつに、地下水の汲み上げすぎによる地盤沈下があります。東京都東部の沈下は、地下水採取規制によって止まりましたが、いったん沈下した土地は元のレベルには戻りません。JR総武線亀戸駅の地盤は、東京湾中等潮位より四メートル以上も低くなっています。地盤沈下は、採取が規制されていない地域を求めて北上し、現在、埼玉県中部、北部を中心として沈下が進行し、利根川堤防も沈下しています。もちろん、建設省ではかさ上げ工事を行っていますが、沈下しなければ不要な仕事です。地盤沈下は、地球環境悪化と同じく、二〇世紀のわれわれが後世へわたす恥ずべき遺産のひとつです。中央環境審議会地盤沈下部会長を一九九三年から二〇〇〇年まで務め、全国の代表沈下地点を回りました。

先ほど紹介した河川審議会の「今後の河川環境のあり方」でも、先ほど述べた生物の件の次に、「健全な水循環の確保」が提案されています。都市化に代表される開発によって乱されてしまった水循環を少しでも元に戻すのは、われわれのこれからの使命といえます。もっとも、水循環に全く影響を与えない開発はあり得ません。明治中期以降、営々と行われた大規模な治水事業は、大洪水時の氾濫を防ぐことを目標とし、その目的は相当程度達成されました。この場合は、大洪水時の自然の水環境を積極的に変えることによって、沖積平野の洪水の安全度を高め、近代化の社会基盤を整備したのでした。水循環の健全化とは、われわれの生活を豊かにすることを前提として、自然界が元来持っていた水循環を尊重することです。ここで、将来の、たとえば二〇五〇年頃の健全な水循環を描いてみましょう。水道は微量ながら漏水させるべきでしょう。それは地下水補給にもなるからです。もっとも、日本の水道の漏水率は高いので、まだ一〇年や二〇年は漏水防止に努力していただきたいですが。たとえば、東京都水道の漏水率は現在八パーセント強です*。年間総排水量が約一八億立方メートルですから、その八パーセント強といえば約一・四億立方メートルです。これは、小河内ダムの奥多摩湖の総貯水量に近い大量です。終戦直後は漏水率八〇パーセントといわれていますから、よくぞここまで漏水防止に努めたものです。幸か不幸か、漏水率ゼロにするのは至難の業ですが、ゼロを目標にするのではなく、できれば計画的に微量を漏らしたいものです。

今後の下水道は可能な限り分流式にすべきです。東京都区内の下水道普及率は、ほとんど合流式で一〇〇パーセントに達しましたが、二一世紀半ばまで、できるところから徐々に分流式に転換したい。そして、雨水を担当する下水道は、河川行政と分担し合う長期構想を持ち、かつての小河川をできるところから復活したい。短年月では到底無理な話ですが、五〇年後を描き、半世紀くらいかければ夢のような話ではないと考えます。

都市のさまざまな部分で、水循環の健全化が考えられます。たとえば、透水性舗装を車道にも施工

* 二〇一〇年現在、東京の水道漏水率は二・五%まで下がり、世界に誇るべき漏水防止努力が実を結んでいます。

し、道路側溝などの構造も透水性にしたい。どの建物、どの住宅の屋根に降った雨雪も下水道に連結させず、雨水桝から地下へ浸透させるなど、さまざまな方法があり、これらに対して行政が補助する制度を確立すべきです。

水田の排水条件が良くなったのは農業近代化に有利でしょうが、洪水時を始め、河川の負担を大きくしています。心配なのは、減反が急速に進行しつつあり、水田が持っていた洪水調節、地下水涵養、生態系保全の機能が衰えつつあることです。水田耕作は自然の水循環に巧みに則った国土保全型農業であるからです。

しかし、水循環の各部分をそれぞれ異なる行政単位が担当しており、その間の連携がきわめて不十分です。異常渇水になると、埼玉県中部では地盤沈下が確実に進みます。利根川からの取水制限を補うために、地下水揚水が増すからです。雨水から各種利水、地下水や下水処理水利用に至るまで、水循環をトータルとして取り扱うためにも水行政の一元化を切望してやみません。将来の国土利用と水利用のあり方を、生態系を含めて考えるべきです。水田にはカエルがいてほしいし、針葉樹の一斉林ばかり育成しないで、原生林の趣ある混交林が各地に存在してほしいのです。

一九六〇年代のわが国の林野行政では、世界の歴史にも稀な拡大造林政策を実施しました。需要が急減した樹種から経済価値の高い樹種に更新するこの政策は、具体的には用材として市場価値の高い杉や檜を集中的に植林する方法がとられました。その頃、同じ樹種でそろった一斉林を多くの人が美しいと感じたようです。高度成長期の三面張り護岸は、これで堤防が頑丈になると評価し、真っ白いコンクリートの堤防が農村に出現し、曲がった河道も幾何学的にまっすぐになり、洪水はすばやく下流へ行ってしまうと喜ばれたものです。人にもよりけりですが、この護岸をきれいだと評した人も少なからず居ました。杉、檜の人工的な一斉林を美しいと感ずるのは、本当の自然感覚ではないと思います。生態的に優れている景観が健全な自然認識だと思います。高度成長期には、多くの日本人の景観を通しての自然認識も狂っていたのです。今後、五〇年後に、健全な水循環が幾分なりとも回復して、日本の本来の水景観が出現することを期待します。

中国の長江の支流岷江に沿う成都郊外の都江堰を訪れた折りに、「飲水思源」の石碑にお目にかかりました。水を飲む者はその源を思え。現代日本語訳すれば、「大都会で蛇口をひねる際には、その水源開発によって上流山村で先祖伝来の家を離れなければならなかった多くの人々のことを思え」ということになりましょう。中国各地、また台湾でもこの石碑にお目にかかりました。中国の昔からの水の格言です。これは、水源地と水消費地の協調を促す「こころ」です。

バングラデシュの災害

一九九〇年から名古屋にある国連地域開発センターのご依頼で、数年にわたって毎年、バングラデシュに出かけました。一九九一年四月末には約二〇万人の死者を出した悲惨なサイクロン災害があり、被災地を回りました。政府発表は死者一四万人弱ですが、同行した政府担当者は二〇万人を超したと推定していました。次ページの写真は、その際の避難用のシェルターです。定員八〇〇人くらいの施設に三〇〇〇人近く押しかけたとのことです。一九七〇年のサイクロンの際には五〇ないし一〇〇万人の死者が出ており、その直後にシェルターを大量に設置する計画を立てましたが、計画の約一割を建設したのみだったという話でした。

問題は、このシェルターに女性は入らないことです。イスラム教の国ですから、女性が男性と満員電車のようなすし詰めになることは難しいといわれています。皮肉な人は、ご婦人方は旦那さんより家畜の牛を守るのが大事で、家を離れにくいのであろうとさえいいます。バングラデシュでは、一九八七、八八年にガンジス川の大洪水によって実に国土の九割近くの土地が浸水しています。上流からも海からも激烈な水魔が次々と押し寄せる気の毒な国です。この大洪水にたまたまこの国に来ていた

飲水思源の碑文　一九八〇年八月、成都郊外、都江堰を訪ねた際に出会った記念碑「飲水思源」

フランスのミッテラン大統領夫人が被災地を視察しています。それかあらぬか、一九八九年のパリのアルシェサミットでは、バングラデシュの災害対策も重要課題となりました。しかも人口は年率二・五〜三パーセントの割合で急増しつつあり、一人当りのGNPは日本の一〇〇分の一以下です。面積一四万平方キロの土地に日本とほぼ同じ人口を抱えています。

この国の災害を見て、私はここでの防災の根本的解決が容易でないことを実感するとともに、そのためには海岸堤防や河川堤防建設よりも、貧困の解決と女性の地位向上が基本的条件であるとつくづく感じました。

今年（一九九八年）一月、日中河川ダム会議が西安で行われた直後、長江の三峡ダムの建設現場に行ってきました（次頁の写真参照）。中国の河川問題はつねに私の念頭を離れません。二〇〇九年完成予定のこのダムは、水没による移転者が一〇〇万人を超すだけでも、われわれにとっては想像を絶するビッグプロジェクトですが、技術、社会のいずれの面でも、おそらく世紀をまたぐ地球最大の事業といえましょう。この計画の是非を問う全人代では三分の一の反対が出たとは並々ならぬ大問題です。かつて司馬遼太郎さんと話していた際、「中国では、ビッグプロジェクトを行うと早晩にその政府は滅びるというジンクスがある」といわれて、秦の始皇帝の例を話され、「三峡ダムを中国政府が始めるには相当の決意が要るはずですな」という言葉を思い出します。

日本人の水に対する感性

司馬さんも惜しいことでしたが、昨年、建築史の村松貞次郎さんが亡くなられたのは痛恨の極みです。私が土木の歴史に近づいたのも、その後つねに陰に陽に私の土木史に関する仕事に深い理解と激励を与えて下さり、私の明治村賞の発案も村松さんでした。村松さんは私の家の穴太積《あのう》の空石積みに

避難シェルター　一九九一年八月、その年四月末に発生したバングラデシュのサイクロン災害を調査した際に撮影。ここへ女性が入っていないことも問題。シェルターの絶対数も不足

も強い関心を持たれ、一度ご覧いただくことを約束しながら果たせなかったのも心残りです。その穴太積は、一九八四年に私の家を新築する際に、雨水貯留施設の設置とともに、家の周囲に大津市の無形文化財で穴太積を伝える粟田万喜三さんに正味約二週間かけて積んでいただきました（前頁の写真参照）。

日本古来の土木技術といえましょう。このような伝統石積技術が、河川現場において次々施工されることを念願してやみません。河川技術は、つねに新技術によって発展させなければなりませんが、河川環境の面からも優れているこの種の伝統技術といかに融合できるかに、今後の河川事業の新たな

三峡ダム建設現場視察　1988 年 1 月、日中河川ダム会議（西安）後、三峡ダム建設現場を視察

三峡ダム完成模型

穴太積の生け垣　一九八四年筆者宅新築の折、雨水貯留浸透施設を設けるとともに家の周りを穴太積で施工。大津市坂本の粟田万喜三さんによる

る展開の鍵があると考えます。

元来、日本人は水や川とのつき合いが巧みな国民です。芭蕉が「五月雨を集めて早し最上川」を詠んだのは一六八九（元禄二）年のことですが、まだ河川流出の水文現象が国際的共通認識でなかった時代に、日本人の水循環思想の正確さを文学的に表現した名句です（次頁の写真参照）。

蕪村の句碑「春風や堤長うして家遠し」が淀川の毛馬の閘門近くの堤防上にあります（次頁の写真参照）。蕪村はこの辺りに育ち、若い頃からこの辺りの堤防を行き来し、生涯その思い出に浸っていたようです。堤防は洪水対策だけのためにつくるのではない。地域住民がその堤防をいかに親しむかがいかに重要であるかを蕪村の句は教えています。堤防は文化です。

江戸時代末、明治前半まで、日本人の水や川に対する感覚は確かでした。明治以降一三〇年の近代化の成功によって、日本の経済も生活水準も欧米の水準に到達しました。しかし、それと引き替えに失ったものもあると思います。自然を慈しみ、自然を深く理解し、それを友とする感覚は衰え、あるいは忘れ去ってしまったのではないか。

河川環境が重視される今日、われわれは、近代化もしくは高度成長を支えた現代科学技術の延長線上ではなく、われわれが本来、血液の中に抱いている川に対する鋭い感覚を呼び戻すことによって新たな技術を開発すれば、日本の河川環境は見違えるようになると期待します。

私は、僭越にも河川工学の教科書カバーに広重の「大はしあたけの夕立」を借用しております。広重の川や水辺に対する感覚がきわめて鋭く研ぎ澄まされているからです。しかも、広重の絵には必ずその水辺や川とともに暮らしている人間の姿があります。河川技術者たるもの、河川工学を学ぶ者は、河に集まる人たちが、河をどのように見、どのように苦闘し、どのように愛しているかを知ることが最も重要です。広重を範としたいものです。

無形文化財・粟田万喜三さんとともに

将来の河川技術者像

これからの河川技術者像として、昭和一〇年前後、芝浦工業大学の前身の東京高等工学校の土木科長で主任であった宮本武《みやもとたけ》之輔《のすけ》について触れたいと存じます。

信濃川の放水路である大河津分水工事時代の宮本の奮闘ぶりは、田村喜子さんの『物語分水路』（鹿島出版会、一九九〇年）に詳しく描かれておりますし、一九九七年一二月には『宮本武之輔と科学技術行政』で博士論文を完成された大淀昇一さんが『技術官僚の政治参画』（中公新書）で、主として宮本の業績を紹介しています。宮本がいかに技術官僚の地位向上のために闘ったかがそこに描か

芭蕉の句碑

蕪村の句碑（淀川、毛馬近くの堤防上）

広重「大はしあたけの夕立」 筆者著の『河川工学』（東京大学出版会、土木学会出版文化賞受賞）のカバーに使った

れています。宮本は稀に見る広い教養に裏づけされた見識と度量の持ち主でした。土木以外、特に文系に多くの支持者を有し、専門以外の人々と語り合える言葉を持っていました。気宇壮大にして、実力を兼ね備えた宮本のような人材こそが、これからの河川および公共事業の分野には欠かせません。

宮本の大河津時代の上司である青山士《あおやまあきら》は、大河津の記念碑に「萬象ニ天意ヲ覚ル者ハ幸ナリ、人類ノ為メ国ノ為メ」を日本語と万国共通のエスペラント語で刻んだ国際的ヒューマニストでした。これら先人の生き方こそ、転機を迎えている今日の日本の河川の将来のあり方への重要な道標です。

二一世紀へ向かって、地球の水危機が叫ばれています。地球環境問題は、二一世紀における人類の重要課題ですが、水の問題も、特に今後人口が増加する途上国において、需給バランスはもとより、汚染などの環境問題が重大化する可能性があります。

これらの問題を考えるにあたって、果たして現在の科学技術がどの程度貢献できるか、現代科学技術の方法をただ強力に進展させるのみでは、水危機を含む地球環境問題を解決することはできないでしょう。科学の方法、技術の体系の革新こそが重要です。二一世紀を迎えるにあたって、われわれは二〇世紀が人類にとって何であったか、日本人にとって何であったかを認識してこそ、将来の方向が見えてくるでしょう。高度成長の頃まで、日本人はもちろん、世界の多くの人々は、この世紀を進歩と栄光の世紀と誇っていたように思います。この進歩した科学技術に依存していれば、われわれ人類も日本人も永久に幸福であるかのような錯覚に陥っていたようです。地球環境問題、近づきつつある地球の水危機に直面して、人類の飽くなき欲望のままに、科学技術の発展に任せてきた二〇世紀を反省すべき段階に来たといえます。真理の探究を究極の目的とする現在の科学の方法への反省、エネルギーの大量消費を生み、大量生産、大量消費、大量廃棄のプロセスを生んだ技術の体系に反省が求められています。したがって、その科学技術体系の基盤をなす文科と理科という大分類による学問のあり方にも反省を要するといえます。

水環境、河川に関わる工学もまた、従来とは異なる新たなる方向を求めなくてはならない。それは、従来の学問の枠を前提とすれば、総合的多元的な学問の方向ということになりますが、そのキーワードは、「流域の視点」「水循環を重視する技術」ということになり、人間の心と姿が見える新たな工学です。これからの若い優秀な方々が、従来の科学的方法、技術体系を打破して、その革新によって、来るべき地球環境や水の危機を解決していただくことを強く望んで、四三年間の講義の締めとさせていただきます。ご清聴ありがとうございました。

■最終講義に際して

テーマを「21世紀の河川を考える」としました。たまたま二〇世紀末となり、あと三年経過すると新しい世紀に入ります。時あたかも、日本の河川は行政面でも学問面でも転換期に立っています。昨年には河川法が改正され、河川環境の整備と保全を河川行政において重視すべきことが法的に確立されました。

河川工法の改革を含む河川改修の方法に新展開が求められ、ダムや堰のあり方にも転機が訪れています。さらには、河川を流域の視点から眺め、降雨から海へ流出するまでの水循環のなかに河川の流れを位置づけることが、これからの河川事業や河川工学における必須の視点と考えられます。

これからの河川のあり方を考察する場合、二〇世紀、特に第二次世界大戦後の約半世紀に日本の河川が歩んだ波瀾万丈の歴史の教訓をどう活かすかが問われています。そして、この半世紀は、私にとっても東京大学に入学して河川の勉強を始めてから今日に至るまでの期間と符合しています。したがって、私の河川体験史は、戦後日本の河川史と重なっています。この最終講義においては、日本の河川のこの激動の半世紀の間に、私の経験を通して、私の河川観をたどった跡を振り返り、その教訓を通して僭越ながら、私の考える二一世紀の日本の河川の方向を提起したいと思います。

実は一一年前の東大退官の際の最終講義のテーマが「戦後日本の河川を考える」でした。その際に

青山士　パナマ運河工事に従事した唯一の日本人技術者。大河津分水記念碑文を作成。写真は静岡県磐田市の青山家にて筆者撮影

すでに私は一九五〇年代から八〇年代に至る河川史を述べましたので、今回は主として私の河川観の形成過程を述べるつもりで、八〇年代まではハイライトのみ話させていただきます。そして、それから得られる教訓を、今後の日本と世界の河川にどう活かすかを考え、来るべき世紀における姿を夢見たいと思います。

あとがき

「東日本大震災の教訓」の後半で指摘したように、日本列島、そして首都東京の災害危険度は先進国のなかでも特に高い。気候変動が危険度をさらに増加させている。二一世紀の今後、そして二二世紀は、日本にとって次々と大災害に直面することになるであろう。

近年、局地的短時間の豪雨が、しばしば発生しており、時間雨量一〇〇ミリを超すのも珍しくなくなった。そのため、東京、神戸、福岡の中小河川で突発的洪水が発生し、犠牲者が出ている。今年九月上旬には、台風12号が、紀伊半島を中心に大量の雨量をもたらし、死者・行方不明者一〇〇名にも達する悲惨な大水害をもたらした。これら豪雨が気候変動によるか否かは、にわかに断定できないとはいえ、最近、従来とは異なる性格の厄介な大水害が発生している事実は、憂慮に堪えず、大災害時代到来の前触れとも思われる。

一方、豪雨を受け止める国土は、水源地の荒廃、沖積平野の変貌、河口と沿岸部の異変によって、弱体化しつつある。このような状況下、私の半世紀余の川と付き合ってきた経験などの記述が、少しでも役立てば幸いである。

本書に収録した論説および講演録の提供にご協力頂いた各機関にお礼申し上げる。また本書の面倒な編集にご努力された鹿島出版会の橋口聖一氏に心から感謝の意を表したい。

二〇一一年九月

高橋　裕

著者略歴

高橋　裕（たかはし ゆたか）

一九二七年　静岡県生まれ
一九五〇年　東京大学第二工学部土木工学科卒業
一九五五年　東京大学大学院（旧制）研究奨学生課程修了
一九六八年から一九八七年　東京大学教授
一九八七年から一九九八年　芝浦工業大学教授
二〇〇〇年から二〇一〇年　国際連合大学上席学術顧問
現在、東京大学名誉教授
河川審議会委員、水資源開発審議会会長、中央環境審議会委員、東京都総合開発審議会会長、ユネスコＩＨＰ政府間理事会政府代表、世界水会議理事など要職を歴任。
専門は河川工学、水文学、土木史。

〔主な著書〕
『日本土木技術の歴史』（共著、地人書館、一九六〇年）
『国土の変貌と水害』（岩波書店、一九七一年）
『都市と水』（岩波書店、一九八八年）
『河川工学』（東京大学出版会、一九九〇年、新版二〇〇八年）
『日本の川』（共著、岩波書店、一九九五年）
『河川にもっと自由を』（山海堂、一九九八年）
『水循環と流域環境』（編著、岩波書店、一九九八年）
『地球の水が危ない』（岩波書店、二〇〇三年）
『河川を愛するということ』（山海堂、二〇〇四年）
『川に生きる』（山海堂、二〇〇五年）
『現代日本土木史 第二版』（彰国社、二〇〇八年）
『大災害来襲 防げ国土崩壊』（監修、国土文化研究所編集、アドスリー、二〇〇八年）
『川の百科事典』（編集委員長、丸善、二〇〇九年）
『社会を映す川』（山海堂、二〇〇七年）（鹿島出版会、二〇〇九年、再出版）などがある。

川から見た国土論

発　行　二〇一一年一一月二〇日　第一刷
著　者　高橋　裕
発行者　鹿島　光一
発行所　鹿島出版会
〒一〇四-〇〇二八
東京都中央区八重洲二丁目五番一四号
電話　〇三（六二〇二）五二〇〇
振替　〇〇一六〇-二-一八〇八八三

装　幀　西野　洋
組版・印刷　教文堂
製　本　牧製本

ISBN978-4-306-02433-5　C3052　Printed in Japan
本書の内容に関するご意見・ご感想は下記までお寄せください。
URL: http://www.kajima-publishing.co.jp
E-mail: info@kajima-publishing.co.jp

関連図書案内

社会を映す川

災害多発時代の自然・技術・文化

高橋 裕 著

四六判 二五六頁 定価二、五二〇円（本体二、四〇〇円＋税）

川は社会と共に在り、社会の変化が好くも悪しくも川に影響する。
あらゆる営みを映し続ける川の姿から、災害多発・水危機時代の日本を考える。
水と日本人の文化論。

主要目次

鹿島出版会 〒104-0028 東京都中央区八重洲 2-5-14
tel.03-6202-5200 http：//www.kajima-publishing.co.jp